"十二五"普通高等教育本科国家级规划教材
普通高等教育"十一五"国家级规划教材
生命科学经典教材系列

细胞工程

（第三版）

李志勇　编著

科学出版社
北　京

内 容 简 介

细胞工程是最具前沿性的生物工程技术之一。本书是“十二五”普通高等教育本科国家级规划教材、普通高等教育“十一五”国家级规划教材《细胞工程》的第三版，是在2010年第二版的基础上补充完善相关内容而成，力求简洁但又不失系统性，提纲契领地介绍了细胞工程的相关概念、基本原理与核心技术。本书以细胞工程技术为主线，内容上体现了经典性、进阶性和前沿性的有机统一，具体包括细胞工程理论基础、植物细胞工程、动物细胞工程三部分。此外，每章附有复习题和扩展学习资料，书后有重要概念索引，可引导学生自主学习。

本书不仅适合作为高等院校生物工程、生物技术、医药及农林等专业的本科教材，而且也适合从事细胞工程领域研究的相关人员参考。

图书在版编目（CIP）数据

细胞工程 / 李志勇编著. —3 版. —北京：科学出版社，2021.3

“十二五”普通高等教育本科国家级规划教材 普通高等教育“十一五”国家级规划教材 生命科学经典教材系列

ISBN 978-7-03-068353-3

Ⅰ. ①细… Ⅱ. ①李… Ⅲ. ①细胞工程—高等学校—教材 Ⅳ. ① Q813

中国版本图书馆CIP数据核字（2021）第044814号

责任编辑：刘 丹 / 责任校对：贾伟娟

责任印制：霍 兵 / 封面设计：迷底书装

科学出版社 出版

北京东黄城根北街16号

邮政编码：100717

http://www.sciencep.com

三河市春园印刷有限公司印刷

科学出版社发行 各地新华书店经销

*

2003年2月第 一 版 开本：720×1000 1/16

2010年7月第 二 版 印张：13 1/4

2021年3月第 三 版 字数：267 000

2025年12月第九次印刷

定价：**49.80** 元

（如有印装质量问题，我社负责调换）

第三版前言

2001年，上海交通大学在国内高等学校中较早开设“细胞工程”本科课程，出版了一系列的“细胞工程”教材，包括理论课、实验课、全英文教材，多部入选普通高等教育“十一五”国家级规划教材和“十二五”普通高等教育本科国家级规划教材。2003年，编著者在科学出版社出版的《细胞工程》高等学校教材，被众多高校选做本科教材或教学参考书，同时也被一些高校作为研究生考试参考书。2010年，编著者对第一版进行了修订，出版了《细胞工程》(第二版)。

在当前推进一流本科教育的大背景下，中国高校本科教学正进入提高质量、内涵发展的新阶段。生命学科与生物技术的快速发展和信息技术的不断融入，给课程建设与教学带来了新的机遇和挑战。2018年11月，首届“高校细胞工程课程教学研讨会”在上海交通大学召开，与会者一致认为细胞工程理论课程内容的优化是急需解决的问题。近年来，细胞工程学科与技术又有了比较大的发展，因此非常有必要对《细胞工程》(第二版)进行修订。

《细胞工程》(第三版)仍然以细胞工程技术为编写主线，秉持全面、简洁、注重学生扩展学习的特点。主要修订工作包括：①每一章重新组织了语言；②增加了植物次级代谢产物生产、动物细胞生物制药等章节；③补充了一些最新的技术内容；④更新了“扩展学习资料”及部分复习题；⑤调整了部分章节的顺序。希望本次修订能使本书更好地适用于高校细胞工程教学，为我国生物科学与生物技术及相关专业的人才培养做出更大贡献。不妥之处也敬请批评指正，以便修订完善。

李志勇

2021年2月于上海交通大学

第二版前言

细胞工程是现代生物工程中涉及面极其广泛、具有前沿性的一种生物技术，在生物、农业、医药、食品、水产与养殖、生物资源与环境保护、新物种培育等领域发挥着越来越重要的作用。细胞工程课程是我国高等学校生物工程、生物技术等专业的核心课程之一。

编者 2003 年于科学出版社出版了《细胞工程》，在随后的几年间重印十余次，被众多高校选做本科教材或教学参考书，同时也被一些高校作为研究生考试参考书。《细胞工程》(第二版)是在第一版基础上，结合教学经验重新修改、删减或增补部分内容而成，并入选了普通高等教育“十一五”国家级规划教材。

第二版仍然以细胞工程技术为编写主线，但在体系上分成细胞工程基础、植物细胞工程、动物细胞工程三篇，增加了重要概念索引。本书突出了基本概念；在兼顾经典细胞工程知识体系基础上，注意学科的前沿进展和现代性。在注重全面系统的同时，力争语言、内容的简明扼要。另外，强调学生课外扩展性学习，每章补充有学生自主学习资料，也可供教师上课选用。

本书不妥之处敬请广大同行、专家、同学批评指正，以便再版修订。

李志勇

2010 年 5 月于上海交通大学

第一版前言

细胞工程是现代生物工程中涉及面极其广泛的一门生物技术，它与基因工程一起代表着现代生物工程最新的发展前沿。细胞工程在生命科学、农业、医药、食品、养殖业、生物资源与环境保护、新物种构建等领域发挥着越来越重要的作用；有些应用（如植物组织培养、单克隆抗体生产等）已经产生了极其可观的经济效益。而且，极少有技术或产品像细胞工程领域中的试管婴儿、异体（动物）器官移植、克隆人、转基因产品等引起人们和政府如此广泛的关注和争论。

鉴于细胞工程日益显著的地位，目前越来越多的科技工作者开始或正在从事细胞工程领域的研究或开发工作。一些高校的生命科学或医学等专业也开始重视这方面的知识教育，开始开设细胞工程这门专业课。但是目前关于细胞工程的书籍极少，而且几乎都是20世纪80年代的作品。虽然近年来出现了一些关于动植物细胞或组织培养方面的书籍，但是范围比较窄，难以全面体现细胞工程技术的知识体系。更重要的是，至今还没有一本细胞工程的高等院校教材。鉴于上述原因，我国急需一本能全面系统地反映细胞工程基本原理、技术方法和最新发展的书籍作为高校教材或供科研工作者参考。本书就是在这种背景下诞生的，希望它能起到抛砖引玉的作用。

编著者在较长时间内一直从事细胞培养工艺与技术方面的科研与教学工作。本书是在上海交通大学生物工程专业本科生学位课细胞工程和研究生学位课动植物细胞和组织培养讲义的基础上，参考了大量书籍、期刊等资料不断充实完善起来的。本书具有以下特点。

一、以关键技术和应用为主线，将全书分为九章，每章又基本分为：定义、发展历史、基本原理、关键技术、应用举例、现状或存在问题、前景分析与展望、本章小结、思考题、参考文献及进一步的阅读资料等几大部分，力争全面、系统地介绍细胞工程目前体系的基本的和最新的内容。

二、为了突出细胞工程的工程与实验技术特性，本书重点突出对生物反应器、大规模生产等应用性技术方面的知识介绍。

三、本书尽量多采用图片说明的方式，力争图文并茂、简明、直观地勾勒出一些基本原理和方法。

尽管编著者力争做到系统、全面、新颖、生动地介绍细胞工程领域的主要技术原理与方法，并能反映出该领域的最新进展，但是由于细胞工程领域的知识非常丰富，更新发展速度很快，再加上笔者自身能力限制，本书难免有不妥之处。敬请各位专家、读者批评指正，以待再版时充实、改正。

本书成书过程中得到了科学出版社李锋主任、马学海、韩学哲等编辑的热心帮助，在此深表谢意。同时非常感谢上海交通大学985工程对本书出版的资助以及生命科学技术学院罗九甫教授、林志新教授、赵立平教授、张雪洪副教授等有关领导和老师的支持与鼓励。此外，对于本书引用和参考的一些文字资料和图片，在此向有关作者表示衷心感谢。需要说明的是，对于论文集一类的书籍只标注了主编名字而没有分别引注具体文章的作者，特此致歉。

李志勇

（zyli@sjtu.edu.cn）

2002年7月于上海交通大学思源湖畔

目　录

第三版前言
第二版前言
第一版前言

第一篇　细胞工程理论基础

第 1 章　细胞工程简介……002
1.1　生物工程……002
1.2　细胞工程……004
复习题……008
扩展学习资料……008
第 2 章　细胞工程基础……009
2.1　细胞组成……009
2.2　细胞周期与细胞分裂……012
2.3　细胞死亡……015
2.4　细胞分化与脱分化……016
2.5　组织与器官……017
2.6　生殖与发育……018
2.7　细胞重组……023
2.8　细胞培养……026
复习题……034
扩展学习资料……034

第二篇　植物细胞工程

第 3 章　植物组织与器官培养……036
3.1　植物组织培养……036
3.2　植物胚胎培养……044
复习题……045
扩展学习资料……045
第 4 章　人工种子与植物脱毒……048
4.1　人工种子……048

4.2 植物脱毒……049
复习题……052
扩展学习资料……052
第 5 章 原生质体培养与变异……053
5.1 原生质体培养……053
5.2 原生质体变异……056
复习题……056
扩展学习资料……056
第 6 章 细胞融合与体细胞杂交……057
6.1 细胞融合……057
6.2 体细胞杂交……061
复习题……063
扩展学习资料……063
第 7 章 植物离体受精……065
7.1 植物离体受精简介……065
7.2 离体传粉……065
7.3 体外受精……066
复习题……067
扩展学习资料……067
第 8 章 多倍体与单倍体植株……068
8.1 染色体工程……068
8.2 多倍体植株……068
8.3 单倍体与纯合二倍体植株……071
复习题……075
扩展学习资料……075
第 9 章 转基因植物……076
9.1 转基因植物简介……076
9.2 基因改良植物……079
9.3 转基因植物生物制药……080
复习题……081
扩展学习资料……081
第 10 章 植物细胞培养……082
10.1 植物干细胞……082
10.2 植物细胞培养技术……083
复习题……091
扩展学习资料……091

第 11 章　植物代谢产物生产 ······ 092
11.1　植物代谢产物 ······ 092
11.2　植物次级代谢产物的生物合成 ······ 093
11.3　植物次级代谢产物的分离纯化 ······ 096
11.4　植物细胞与毛状根培养生产次级代谢产物 ······ 097
11.5　植物次级代谢产物生产的影响因素 ······ 101
11.6　提高植物次级代谢产物产量的策略 ······ 103
复习题 ······ 105
扩展学习资料 ······ 105

第三篇　动物细胞工程

第 12 章　胚胎分割与嵌合动物 ······ 108
12.1　胚胎工程 ······ 108
12.2　胚胎分割 ······ 108
12.3　胚胎嵌合 ······ 109
12.4　胚胎冷冻保存 ······ 110
12.5　配子保存 ······ 113
复习题 ······ 114
扩展学习资料 ······ 114
第 13 章　体外受精与核移植动物 ······ 115
13.1　体外受精动物 ······ 115
13.2　试管婴儿 ······ 119
13.3　性别控制 ······ 121
13.4　核移植动物 ······ 123
复习题 ······ 128
扩展学习资料 ······ 128
第 14 章　多倍体动物与转基因动物 ······ 129
14.1　多倍体动物 ······ 129
14.2　转基因动物 ······ 131
复习题 ······ 134
扩展学习资料 ······ 134
第 15 章　动物细胞培养 ······ 135
15.1　动物细胞培养简介 ······ 135
15.2　动物细胞特点 ······ 135
15.3　培养工具与条件 ······ 138
15.4　体外培养细胞生长和增殖过程 ······ 141

15.5 适合体外培养的动物细胞类型……145
15.6 动物组织或细胞小规模培养……147
15.7 动物细胞大规模培养……148
15.8 动物细胞培养的生物反应器……151
15.9 动物细胞培养工艺……155
15.10 动物细胞大规模培养的影响因素……156
复习题……158
扩展学习资料……158
第16章 动物细胞生物制药……162
16.1 基于天然动物细胞的生物制药……162
16.2 杂交瘤细胞生产单克隆抗体……164
复习题……171
扩展学习资料……171
第17章 动物基因工程制药……172
17.1 动物基因工程制药简介……172
17.2 动物细胞表达制备药用蛋白……172
17.3 转基因动物生物反应器……178
复习题……180
扩展学习资料……180
第18章 干细胞工程……182
18.1 干细胞……182
18.2 胚胎干细胞……183
18.3 成体干细胞……187
18.4 诱导多能干细胞……189
复习题……189
扩展学习资料……189
第19章 组织工程……191
19.1 组织工程及其三要素……191
19.2 组织器官再造策略……194
19.3 组织工程生物反应器……194
19.4 组织工程产品……195
19.5 3D打印技术在组织工程中的应用……196
复习题……197
扩展学习资料……197

重要概念索引……198
参考文献……201

第一篇

细胞工程理论基础

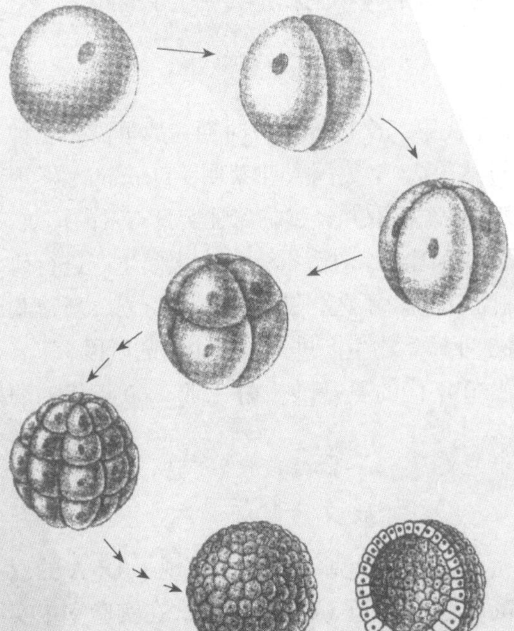

第1章 细胞工程简介

1.1 生物工程

生物工程（bioengineering）也称生物工艺学（biotechnology），是以生命科学为基础，利用生物体系和工程学原理生产生物制品和创造新物种的一门综合技术。

1.1.1 生物工程发展历程

1.1.1.1 第一代生物工程

生物工程的历史非常悠久，可以追溯到几千年前的酿酒。1674 年列文·虎克（Antonie van Leeuwenhoek）利用自己发明的显微镜观察到了细菌。1857 年巴斯德（Pasteur）证实了酒精发酵是由酵母引起的，从而揭示了发酵的本质。

19 世纪末到 20 世纪 30 年代，乳酸、酒精、丙酮、柠檬酸、淀粉酶等发酵产品问世，以工业微生物生产发酵产品为代表的生物工程正式诞生了。

1.1.1.2 第二代生物工程

第二代生物工程起源于 20 世纪 40 年代第二次世界大战时期。战争需要一种有效而副作用小的抗细菌感染药物。虽然 1928 年英国人弗莱明（Fleming）发现了青霉素，1940 年由弗罗里和钱恩等实现人工提取并经过临床证实青霉素的疗效，但是大规模制备仍未实现。1941 年美国和英国合作对青霉素的大规模生产进行研究和开发，建立了青霉素大规模发酵制备工艺。不久，链霉素、金霉素、新霉素等相继问世。抗生素工业的兴起标志着工业微生物生产进入了一个新的阶段。

抗生素生产的经验促进了 20 世纪 50 年代的氨基酸发酵工业、60 年代的酶制剂工业的发展。

1.1.1.3 第三代生物工程

1953 年，美国的沃森（Waston）和英国的克里克（Crick）发现了 DNA 的双螺旋结构。1974 年，美国的波依耳（Boyer）和科恩（Cohen）首次在实验室中实现了基因转移。20 世纪 70 年代，随着基因重组、细胞和组织培养、酶固定化、动植物细胞大规模培养、生物反应器等技术的迅速发展，生物工程进入了新的发展阶段——现代生物工程阶段，为医药、食品、化学、农业及环保等行业带来了新的技术革命。

1.1.2　生物工程与其他学科的关系

生物学、化学和工程学是生物工程最为重要的三门基础学科（图 1.1），为生物工程提供理论支撑；生物工程反过来又推动这些基础学科的发展。

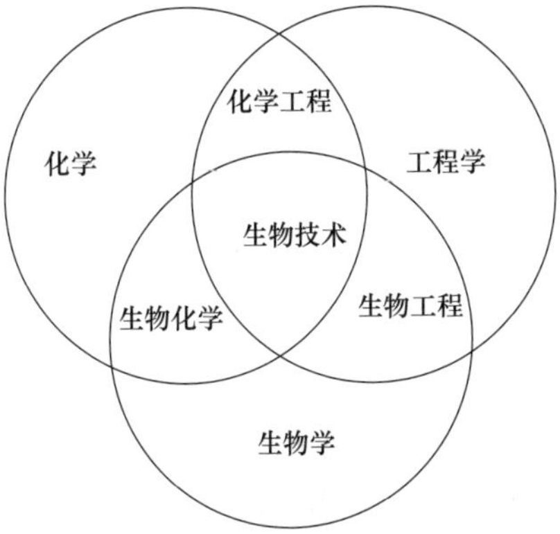

图 1.1　生物工程与其他学科的关系（俞俊棠和唐孝宣，1991）

1.1.3　生物工程组成

传统的生物工程包括微生物工程（发酵工程）、生物化学工程酶工程、细胞工程、基因工程。后来，蛋白质工程、代谢工程、组织工程等生物工程技术得以迅速发展（图 1.2）。

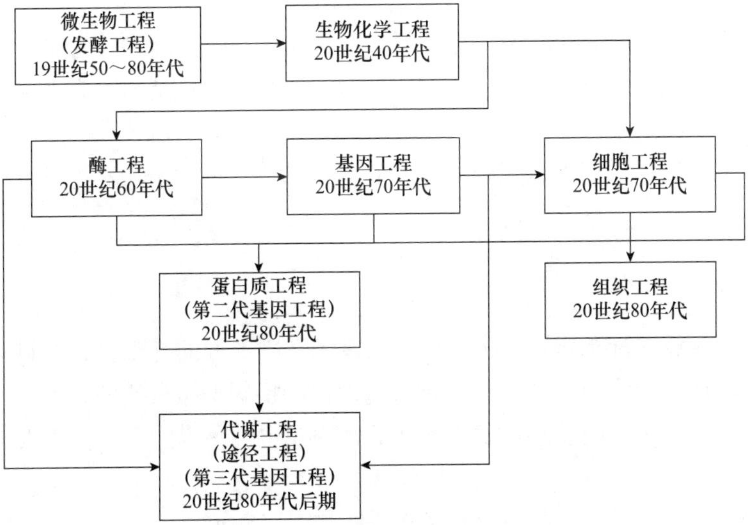

图 1.2　生物工程组成及相互关系

1.1.3.1　微生物工程

微生物工程（microbial engineering）又称发酵工程，是指利用微生物的某些特定功能，为人类生产有用的产品，或直接把微生物应用于工业生产过程的一种技术。

微生物工程是最古老的生物工程技术，其对象除天然微生物外，还包括基因工程菌。

1.1.3.2 酶工程

酶工程（enzyme engineering）是利用酶的催化作用，生产人类所需的产品或达到某一特殊目的的技术。

酶是由生物体产生的具有催化活性的蛋白质，能特定地催化化学反应，具有效率高、条件温和、污染小、能耗低、反应容易控制等特点。

1.1.3.3 生物化学工程

生物化学工程（biochemical engineering）简称生化工程，主要研究将实验室研究成果转化为产品的过程中带有共性的工程技术问题。例如，①生物反应器系统及生产工艺；②分离技术和设备；③生物反应过程的数学模型；④生产过程在线检测和控制。

1.1.3.4 基因工程

基因工程（genetic engineering）是指对生物的遗传基因进行切割、拼接或重新组合，再转入生物体内生产出人们所期望的产物，或创造出具有新遗传性状的生物类型的一门技术。

基因工程使得人们可以克服物种间的遗传障碍，创造出自然界没有的新的生命形态，以满足人类社会的需要。

1.1.3.5 蛋白质工程

蛋白质工程（protein engineering）是指在基因工程的基础上，通过对基因的人工定向改造，对蛋白质进行修饰或改造，生产出新型蛋白质的技术。由于蛋白质工程是在基因工程的基础上发展起来的，因此也被称为“第二代基因工程”。

1.2 细胞工程

细胞工程（cell engineering）是应用生命科学理论，借助工程学原理与技术，有目的地利用或改造生物遗传性状，以获得特定的细胞、组织产品或新型物种的一门综合性科学技术。

细胞工程是生物工程重要组成技术，研究对象不仅包括细胞，而且还包括染色体、细胞核、原生质体、受精卵、胚胎、组织或器官等。按照生物类别划分，主要包括植物细胞工程、动物细胞工程、微生物细胞工程。微生物细胞工程属于微生物工程（发酵工程）范畴，因此不在本书介绍范围之类。

1.2.1　细胞工程发展历史

1.2.1.1　探索期

细胞工程的历史可以追溯到 19 世纪。1838 年，马勒（Mahler）发现了脊椎动物肿瘤细胞中的多核现象。1885 年，卢克斯（Roux）发现鸡的神经细胞在生理盐水中可以存活，并使用了“组织培养”（tissue culture）一词。1907 年，美国生物学家哈里森（Harrison）从蝌蚪的脊索中分离出神经组织，并尝试在青蛙凝固的淋巴液中进行培养，蝌蚪神经组织存活了几周，开创了动物组织培养的先河。

1902 年，德国植物学家哈伯兰德（Haberlandt）提出了细胞全能性学说，并进行了植物单个细胞离体培养的尝试。1904 年，汉里格（Hanig）在无机盐和蔗糖溶液中尝试进行萝卜和辣根菜的离体胚培养。1922 年，考特（Kotte）和罗宾斯（Robbins）进行豌豆、玉米、棉花的根尖和茎尖培养并获得初步成功。1937 年，荷兰植物学家温特（Went）发现 B 族维生素和生长素对植物根的生长具有促进作用。1937～1938 年，法国科学家高特里特（Gautheret）和诺比考特（Nobercourt）几乎同时离体培养了胡萝卜组织，并使细胞成功增殖。

1.2.1.2　诞生期

1956～1959 年，斯沃尔（Swarup）利用低温处理三棘刺鱼获得了三倍体，并饲养至性成熟。1959 年，美籍华人科学家张明觉首次获得了体外受精动物——试管兔。1962 年，凯普斯提克（Capstick）等成功地进行了仓鼠肾细胞的悬浮培养，为动物细胞大规模培养技术的建立奠定了基础。1958 年，日本学者冈田善雄发现经过紫外线灭活的仙台病毒可以引起艾氏腹水瘤细胞的融合。1965 年，哈里斯（Harris）和沃特金斯（Watkins）进一步证明灭活的病毒在适当条件下可以诱导动物细胞的融合。

1948 年，斯库格（Skoog）等发现腺嘌呤可以诱导芽的形成，1956 年，米勒（Miller）从鱼精子中分离得到比腺嘌呤活性高的激动素，并与斯库格一起提出了植物激素控制器官形成的观点，认为生长素与分裂素的比例是控制植物细胞分化的关键：生长素与分裂素比例高时利于根的生长，比例低时利于芽或茎的分化，比例相当时利于保持分裂但无分化的状态。这个规律的发现极大地推动了植物组织培养技术的发展。1958 年，史都华德（Steward）和赖纳特（Reinert）发现胡萝卜的体细胞可以分化成体细胞胚，这成为植物组织培养领域的一个重大突破，也进一步验证了细胞全能性学说。1960 年，兰花等植物无性繁殖获得成功，开辟了利用植物组织培养快速繁殖植物的有效途径。

1965 年，德偌贝提斯（Derobetis）将其编著的《普通生物学》改为《细胞生物学》标志细胞生物学的诞生，为细胞工程的诞生提供了理论基础。体外受精、植物组织培养等技术的初步建立，推动了 20 世纪 70 年代前后细胞工程学科的形成。

1.2.1.3 快速发展期

20 世纪 70 年代开始，随着细胞生物学、发育生物学、生物化学、分子生物学、遗传学等学科的发展和研究的日益深入，细胞工程进入快速发展阶段。

1973 年，我国科学家童第周等在金鱼和鳑鲏鱼间成功进行核移植获得了种间杂种鱼。1975 年，科勒（Kohler）和米尔斯坦（Milstein）成功构建能分泌单克隆抗体又能体外大量增殖的杂交瘤细胞，从而建立了杂交瘤技术。1977 年，英国采用胚胎工程技术成功培育出世界首例试管婴儿。1981 年，埃文斯（Evans）和科夫曼（Kanfman）成功地分离到小鼠胚胎干细胞。1983 年，帕尔米特（Palmiter）和布林斯特（Brinster）将大鼠生长素基因转入小鼠培育出生长快的超级小鼠。1984 年，丹麦科学家维拉德森（Villadsen）成功利用胚胎细胞克隆出绵羊，首次通过核移植技术克隆成功哺乳动物。1987 年，戈登（Gordon）获得分泌组织型纤溶酶原激活物（tPA）的转基因小鼠。1987 年，美国国家科学基金会提出组织工程（tissue engineering）概念。1997 年，英国利用成年动物体细胞克隆出绵羊“多莉”，证明了高等动物体细胞的全能性。之后，小鼠、牛、猪等均成功获得了体细胞克隆后代。1998 年，美国科学家汤姆森（Thomson）成功分离建立了人的胚胎干细胞系，极大地促进了干细胞研究。2018 年，中国科学家孙强团队成功克隆出两只食蟹猴，这是世界首例通过体细胞克隆技术诞生的灵长类动物。

20 世纪 70 年代初，加拿大华裔科学家高国楠发现聚乙二醇可以促使植物原生质体融合，植物细胞融合技术初步建立。1981 年，齐默曼（Zimmerman）利用可变电场诱导原生质体融合，建立了细胞融合的物理方法，进一步完善了细胞融合技术。1972 年，美国科学家卡尔森（Carlson）等用 $NaNO_3$ 作为融合诱导剂进行烟草原生质体融合，获得了世界上第一个体细胞杂种植株。1973 年，利希（Nitsh）采用花药培养获得了烟草植株。同年，古谷树里（Furuya）等通过培养人参细胞生产人参皂苷，开创了植物代谢产物生产的新途径。

1.2.2　细胞工程与其他生物工程技术的关系

生物工程的组成技术是按照生物种类和研究层次划分的。

根据生物类群，生物工程研究对象包括微生物、动物和植物，前者属于微生物工程范畴，后者属于细胞工程范畴。

按照研究层次，生物工程研究对象主要包括细胞、酶、基因。微生物工程与细胞工程主要是在细胞水平研究利用生物资源，酶工程和基因工程分别是在酶（蛋白质）和基因水平研究和利用生物资源。

生物化学工程研究生物反应器等设备、生物反应过程动力学、生物分离纯化等共性问题，最早主要针对微生物发酵过程，后期扩展到动、植物细胞培养过程。

微生物工程（发酵工程）和生物化学工程诞生比较早，发酵罐、发酵工艺、在线检测与分析、细胞生长动力学、下游分离纯化技术等直接为细胞工程中的动、植物细胞的大规模培养提供借鉴。酶工程 / 蛋白质工程为动、植物细胞的生物反应过程机制的揭示提供技术支撑。细胞工程利用基因工程技术培育转基因动、植物进行品种改良；构建转基因生物反应器进行外源药用蛋白的生产，利用代谢工程等新型生物技术进行代谢调控。反过来，细胞工程推动了新型生物反应器、酶制剂、基因工程新技术等的发展。可见生物工程各技术之间是相互补充和交叉融合的。

1.2.3　细胞工程的应用领域

1.2.3.1　优良动、植物快速繁殖

采用细胞工程技术实现优良动、植物的快速繁殖以及濒危物种的保护。主要技术包括：植物组织培养，人工种子、体外受精动物、克隆动物培育等。

1.2.3.2　品种改良与新品种培育

对现有生物的遗传性状进行改良和培育新型物种是细胞工程一个重要的研究内容。主要技术包括：胚胎水平的胚胎嵌合，细胞水平的原生质体诱变、细胞融合，细胞器水平的细胞重组，染色体水平的多倍体、单倍体育种，基因水平的品质改良等。

1.2.3.3　细胞工程生物制品

利用动、植物细胞或组织培养、转基因动、植物生物反应器生产生物制品

是现代细胞工程的代表性领域。动、植物来源的生物制品一般采用化学提取的方法获得，受资源、土地、气候、环境等条件限制，很难保证充足的产量和高的质量。基于细胞或组织培养的生物制品生产不受气候、季节等限制，并且可以利用代谢工程技术调控积累产物。同时，以动、植物细胞或个体作为表达载体制备相关药用产品也已成为生物制药的热点领域。此外，蓝藻、光合细菌等一些单细胞生物可以在特定条件下产生氢气，硅藻等微藻富含油脂，因此，微藻细胞高密度培养产氢、制备生物柴油具有巨大的发展潜力。

1.2.3.4 干细胞与组织工程

干细胞在再生医学和疾病发病机制研究中发挥着重要作用。操纵和控制干细胞的分化潜能，有望修复、再生组织与器官或通过细胞疗法治疗疾病。

组织工程是从细胞工程衍生出的一个重要分支。利用体外培养的细胞或者人造组织器官可以实现受损组织或器官的修复与替换，从而克服器官移植的原料不足、免疫排斥等问题。代表性的产品包括组织工程皮肤、人造骨、组织工程肌腱、人造血管等。

复 习 题

1. 什么是细胞工程？有什么应用价值？
2. 生物工程包括哪些技术，与细胞工程的关系是怎样的？

扩展学习资料

李刚，刘鹏，刘诚迅，等. 2002. 我国细胞工程制药的研究现状和发展前景. 中国现代应用药学杂志，19（4）：278-281

李轩逸. 2017. 细胞工程技术在作物育种中的应用. 现代经济信息，（31）：318

刘岭. 2002. 中草药植物细胞工程研究进展. 中草药，33（12）：1132-1134

Colin BK. 2002. Basic Biotechnology. 北京：科学出版社

https: //bme. columbia. edu/cell-and-tissue-engineering

第2章 细胞工程基础

2.1 细 胞 组 成

1665 年，英国人罗伯特·胡克（R. Hooke）用显微镜观察软木片，发现有许多状如蜂窝的小孔，称之为细胞。

细胞（cell）是生命结构和功能的基本单位。除病毒以外，生物都由细胞组成。低等单细胞生物（如细菌、变形虫等）的一个细胞就是一个个体。动、植物是由不同类型细胞组成的多细胞生物。

2.1.1 细胞的分子组成

组成细胞的基本元素有：O、C、H、N、Si、K、Ca、P、Mg，其中 O、C、H、N 四种元素占 90% 以上。细胞化学物质可分为两大类：无机物和有机物。

2.1.1.1 无机物

构成细胞的无机物一般指不含碳元素的化合物，但一氧化碳、二氧化碳、碳酸盐等简单的含碳化合物也属于无机物。

组成生命的无机物包括水和无机盐。水占细胞物质总含量的 75%～80%。无机盐类占细胞干重的 2%～5%。无机盐在细胞中通常以离子形式存在，对生物体的结构和生命活动起着重要作用，有的直接参与蛋白质、核酸、糖类和脂肪的合成，有的是酶促反应的辅助因素，有的维持体液的酸碱平衡和渗透压。

2.1.1.2 有机物

构成细胞的有机物一般是指含碳化合物或碳氢化合物及其衍生物。

细胞中有机物主要由蛋白质、核酸、脂类和糖四大类组成，占细胞干重的 90% 以上。具有生物学功能、分子质量较大、结构复杂的分子称为生物大分子。生物体的新陈代谢、能量储存与利用，以及遗传变异等现象都与生物大分子密不可分。

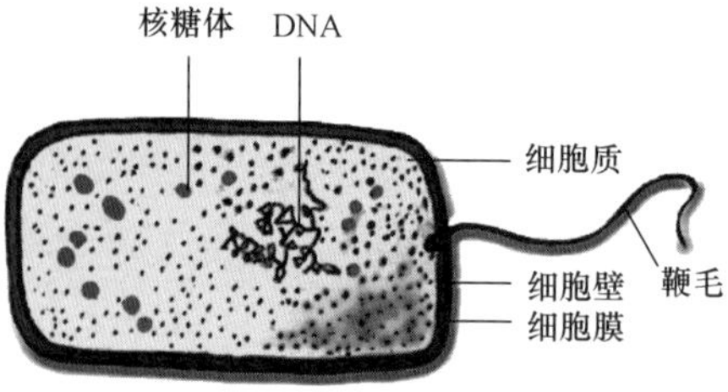

图 2.1　细菌的细胞结构示意图

2.1.2　细胞的结构组成

2.1.2.1　原核细胞与真核细胞

原核细胞（prokaryotic cell）内脱氧核糖核酸（DNA）区域没有被膜包围，没有典型的细胞核和细胞器。细菌（图 2.1）、蓝藻属于原核细胞。

真核细胞（eucaryotic cell）结构比原核细胞复杂，由细胞膜、细胞质和细胞核三个基本部分组成。细胞核内有染色质、核仁和核液。真核细胞的细胞质里有核糖体、内质网、叶绿体、高尔基体等细胞器。植物细胞和动物细胞具有基本相同的结构体系与功能体系，但植物细胞有细胞壁、液泡、叶绿体等，而动物细胞则没有（图 2.2）。

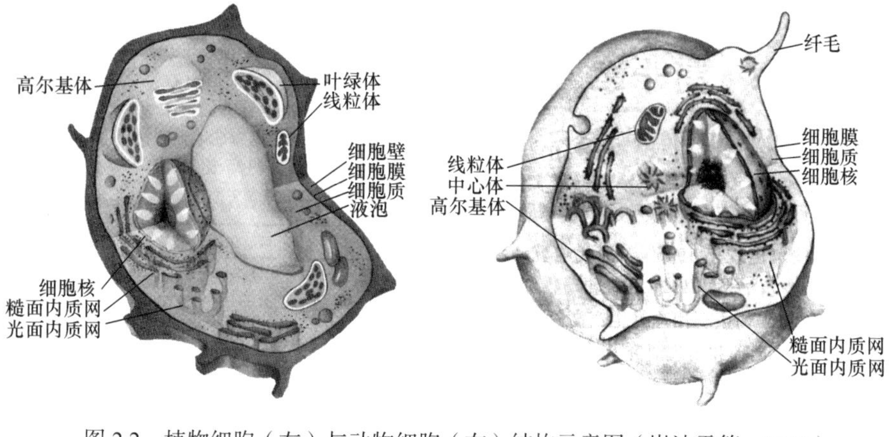

图 2.2　植物细胞（左）与动物细胞（右）结构示意图（岑沛霖等，2005）

2.1.2.2　细胞膜

动物、植物和微生物的细胞膜和内膜具有相同的超微结构。

习惯上将细胞所有膜结构统称为**生物膜**（biomembrane），包括细胞外层的膜和存在于细胞质中的膜。生物膜上的脂类称为膜脂（membrane lipid），分子排列呈连续的双层，构成了生物膜的基本骨架，占膜质量的 30%～70%。膜脂是两性物质，含有亲水的极性头和疏水的非极性尾。大多数膜脂含有磷酸基团，称为磷脂（phospholipid），是脂膜中含量最丰富的组分。细胞膜上的糖脂位于细胞膜外表面，内膜系统的糖脂位于内表面。膜蛋白占膜重量的 40%～50%，大致分为整合蛋白、外周蛋白和脂锚定蛋白。生物膜的特定功能主要是由蛋白质完成的，如膜运输蛋白参与物质的被动与主动运输。

2.1.2.3　细胞核

1781 年，卓泰尔（Trontana）在鱼类细胞中发现细胞核（nucleus）。1831 年，布朗（Brown）在植物细胞中发现细胞核。细胞核主要功能是遗传和发育。遗传表现为通过染色体复制和细胞分裂维持物种的世代连续性。发育表现为通过调节基因表达的时空顺序，控制细胞的分化，完成个体发育。

2.1.2.4　染色质与染色体

1848 年，霍迈斯特（Hofmeister）从鸭跖草的小孢子母细胞中发现染色体。1888 年，瓦尔德（Waldeyer）正式将其定名为 chromosome。1879 年，弗莱明（Flemming）提出了染色质这一术语，用以描述染色后细胞核中强烈着色的细丝状物质。

染色质（chromatin）是指细胞分裂间期遗传物质的存在形式。

染色体（chromosome）是指细胞有丝分裂或减数分裂过程中由染色质聚成的棒状结构。

核型（karyotype）是细胞分裂中期染色体特征的总和，包括染色体的数目、大小和形态特征等。将成对的染色体按形状、大小依顺序排列起来叫核型图。

染色质由 DNA、组蛋白、非组蛋白及少量 RNA 组成。DNA 与组蛋白的含量比较恒定，组蛋白带正电荷，含精氨酸、赖氨酸，属碱性蛋白。组蛋白只在 S 期合成，并与 DNA 复制同步进行。非组蛋白是染色体上与特异 DNA 序列结合的蛋白质，所以又称序列特异性 DNA 结合蛋白。

2.1.2.5　线粒体

1890 年，德国科学家阿尔特曼（Altaman）首次发现线粒体。1898 年，斑达（Benda）首次将其命名为 mitochondrion。在多数细胞中，**线粒体**（mitochondrion）是进行能量转换的细胞器，均匀分布在整个细胞质中。线粒体是细胞内氧化磷酸化和形成 ATP 的主要场所，有细胞“动力工厂”之称。

1963 年，纳斯（Nass）等发现线粒体 DNA（mtDNA），之后人们又相继在线粒体中发现了 RNA、DNA 聚合酶、RNA 聚合酶、核糖体、氨基酸活化酶等，说明线粒体具有独立的遗传体系。线粒体的核糖体蛋白、氨酰 tRNA 合成酶以及许多结构蛋白都是由核基因编码，在细胞质中合成后定向转运到线粒体，因此线粒体是半自主细胞器。

2.1.2.6　叶绿体

叶绿体（chloroplast）是完成能量转换的细胞器，它能利用光能同化二氧化碳和水，合成糖，同时产生氧气。

叶绿体与线粒体都是细胞内进行能量转换的场所，两者在结构上具有一定的相似性：①均由两层膜包被而成，且内外膜的性质、结构有显著差异；②均为半自主细胞器，具有自身的 DNA 和蛋白质合成体系。与线粒体一样，叶绿体只能合成自身需要的部分蛋白质，其余的是在核糖体上合成的，必需运送到叶绿体。

2.1.2.7　核糖体

核糖体（ribosome）由罗宾逊（Robinson）和布朗（Brown）1953 年发现于植物细胞。1955 年由帕莱塞（Palacle）发现于动物细胞。1958 年，罗伯特斯（Roberts）建议将其命名为核糖核蛋白体，简称核糖体。

核糖体是细胞内合成蛋白质的场所。核糖体并不是单独工作的，而是多个甚至几十个串连在一条 mRNA 分子上，称多聚核糖体（polyribosome），这样可以结合更多 DNA 合成期（S 期）核糖体，提高蛋白质合成的速度。

2.2　细胞周期与细胞分裂

2.2.1　细胞周期

细胞周期（cell cycle）也称细胞分裂周期，是指一个细胞经生长、分裂增殖成两个细胞的全过程。细胞周期包括分裂期（M 期）与间期，间期由 DNA 合成前期（G_1 期）、DNA 合成期（S 期）、DNA 合成后期（G_2 期）三个阶段组成（图 2.3）。细胞在 G_1 期完成必要的生长和物质准备，在 S 期完成遗传物质——染色体 DNA 的复制，在 G_2 期进行必要的检查及修复以保证 DNA 复制的准确性，然后在 M 期完成遗传物质到子细胞中的均等分配，细胞一分为二，成为两个子细胞。

细胞周期是在严格调控的前提下有条不紊地进行的，沿着 G_1 期-S 期-G_2 期-M 期的路线运行。其中影响细胞周期的调控因子包括：生长因子及其受体、细胞的信使系统等。细胞周期的准确调控对生物的生存、繁殖、发育和遗传十分重要。

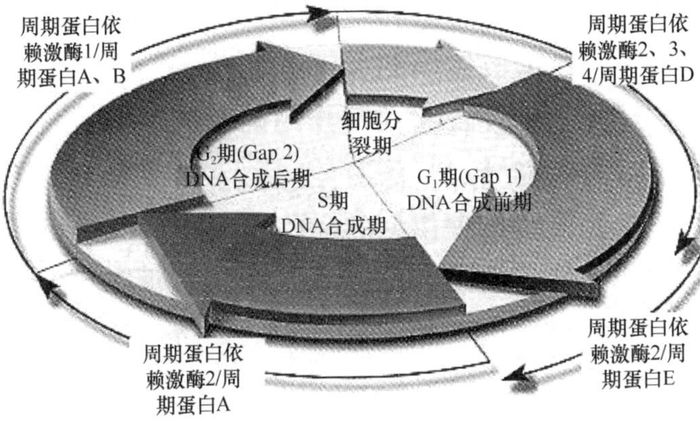

图 2.3 细胞周期图解（Kirschstein and Skirboll，2003）

2.2.2 无丝分裂

无丝分裂（amitosis）是最简单的细胞分裂方式，大多以横裂或纵裂方式由一个细胞变成两个细胞。

2.2.3 有丝分裂

有丝分裂（mitosis）是染色体经过复制变成双份，再平均分配到两个子细胞中去的分裂方式。有丝分裂因在其分裂过程中出现了纺锤丝及细丝状染色质而得名。有丝分裂过程包括间期、前期、中期、后期、末期和胞质分裂（有丝分裂或减数分裂之后细胞质的分裂）等几个阶段（图 2.4）。

（1）间期（interphase）：细胞分裂间期是新的细胞周期的开始，主要是完成 DNA 分子的复制和有关蛋白质的合成。这个时期为细胞分裂期准备条件。

（2）前期（prophase）：细胞中出现染色体。每一个染色体包括两个并列着的姐妹染色单体，由一个共同的着丝粒连接。核膜逐渐解体，核仁逐渐消失。从细胞的两极发出许多纺锤丝。

（3）前中期（prometaphase）：核膜破裂，染色体排列在赤道上，最终形成纺锤体。

（4）中期（metaphase）：纺锤体清晰可见。每个染色体的着丝点两侧都有纺锤丝附着在上面，纺锤丝牵引染色体运动，使每个染色体的着丝点排列在细胞中央的一个平面上。这个平面与纺锤丝的中轴相垂直，类似于地球上赤道的位置，所以叫做赤道板。处于分裂中期的细胞中，染色体的形态比较固定，数目和形态比较清晰。

（5）后期（anaphase）：连接在同一个着丝粒上的两个姐妹染色单体分离开来，并由纺锤丝牵引着分别向细胞的两极移动，使细胞的两极各有一套形态和数

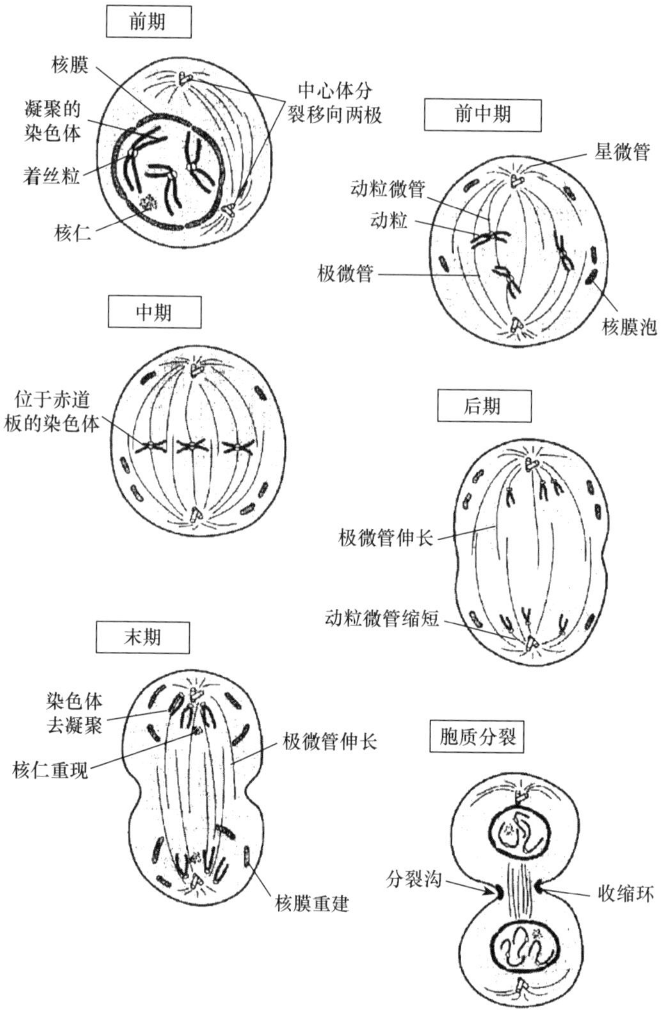

图 2.4 有丝分裂示意图（王金发，2003）

目完全相同的染色体。

（6）末期（telophase）：当这两套染色体分别到达细胞的两极以后，每个染色体又逐渐地变成细长而盘曲的丝。纺锤丝逐渐消失，出现新的核膜和核仁。核膜把染色体包围起来，形成两个新的细胞核。赤道板的位置出现一个细胞板，细胞板由细胞的中央向四周扩展。最后，一个细胞分裂成为两个子细胞。子细胞进入下一个细胞周期的分裂间期状态。

2.2.4 减数分裂

减数分裂（meiosis）是生殖细胞成熟时特有的分裂方式，染色体复制一次后经过两次分裂，子细胞染色体数目比亲代细胞减少了一半（图 2.5）。

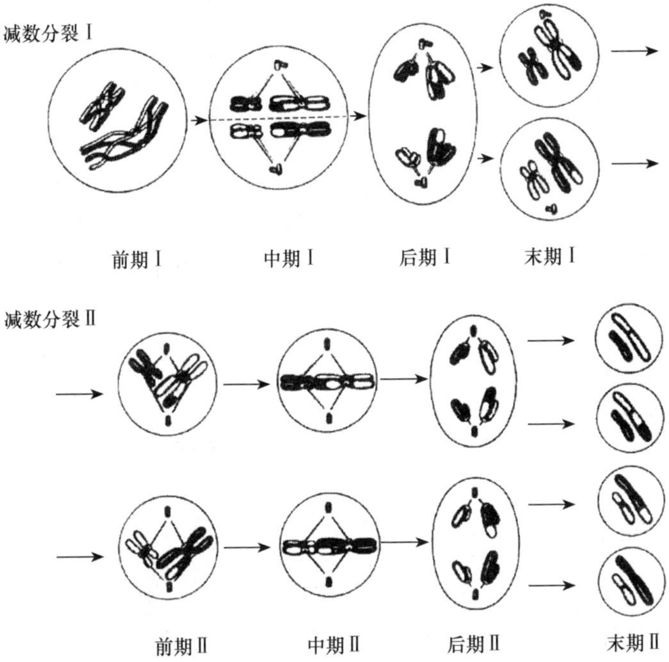

图 2.5　减数分裂示意图（王金发，2003）

2.3 细胞死亡

2.3.1 细胞凋亡

细胞凋亡（apoptosis）也叫**程序性细胞死亡**（programmed cell death，PCD），是机体维持环境稳定、由基因控制的、细胞自主的有序性死亡。凋亡细胞的主要特征如下。

1）形态学方面

细胞膜完整，但是外形呈发泡状；细胞质浓缩，细胞器聚紧；染色体紧缩成月牙形，凝聚在核膜周围；核断裂，细胞通过出芽方式形成许多凋亡小体；凋亡小体内有结构完整的细胞器，还有凝缩的染色体，可被邻近细胞吞噬消化。

2）生化特征方面

核酸内切酶活性升高，导致染色质 DNA 断裂，形成约 200bp 整数倍的核酸片段，凝胶电泳图谱呈梯状；细胞质内 Ca^{2+}浓度增高；细胞内活性氧增多；细胞膜通透性变大；溶菌酶活性增加，Ⅱ型谷氨酰胺转移酶和需钙蛋白酶活性增高。

2.3.2 细胞坏死

细胞坏死（necrosis）是细胞受到化学因素（如强酸、强碱、有毒物质）、物理因素（如热、辐射）和生物因素（如病原体）等环境因素伤害而引起的细胞死亡现象。

细胞坏死初期，细胞质内线粒体和内质网肿胀、崩解，结构脂滴游离、空泡化，蛋白质颗粒增多，细胞核发生固缩或断裂。随着细胞质内蛋白质变性、凝固或碎裂，以及嗜碱性核蛋白的降解，细胞质呈现强嗜酸性。含水量高的细胞，会因细胞质内水泡不断增大并发生溶解，导致细胞结构完全消失，最后细胞膜和细胞器破裂，DNA 降解，细胞内容物流出。

2.4 细胞分化与脱分化

2.4.1 细胞全能性

细胞全能性（totipotency）是指分化细胞保留着全部的核基因组，具有生物生长、发育所需要的全部遗传信息从而发育成完整个体的潜能。

1958 年，史都华德（Steward）等利用胡萝卜根韧皮部组织培养出了新植株，证明高度分化的植物细胞保持着发育成完整植株的能力。动物细胞核移植实验证明，胚胎细胞及高度分化的体细胞具有全能性。

2.4.2 细胞分化

细胞分化（differentiation）是指细胞在形态、结构和功能上发生差异的过程，包括时间上和空间上的分化。时间上的分化是指一个细胞在不同的发育阶段可以形成不同的形态和功能；空间上的分化是指同一种细胞由于所处的环境或部位不同可以形成不同的形态和功能。

形态发生（morphogenesis）是指通过细胞增殖、分化和行为塑造组织、器官和个体形态的过程。细胞分化与形态发生是相互联系的。

随着细胞分裂和分化，细胞的发育方向逐渐被限定。当尚未定向的细胞不可逆地转变为某种定向细胞时，细胞的命运就被固定了，称为**决定**（determination）。

根据基因与细胞分化的关系，可以将基因分为以下两类。

（1）**持家基因**（house-keeping gene）是维持细胞的基本结构和最低限度功能所不可少的基因，如编码组蛋白、核糖体蛋白、线粒体蛋白、糖酵解酶等的基因。

（2）**组织特异性基因**（tissue-specific gene）又称奢侈基因（luxury gene），是在

各种组织中进行不同的选择性表达的基因，与不同细胞的特殊性有关系，如表皮角蛋白基因、肌细胞的肌动蛋白基因和肌球蛋白基因、红细胞的血红蛋白基因等。

细胞分化的实质是基因的**差异表达**（differential expression），是奢侈基因按照一定顺序表达的结果。一些特定奢侈基因表达的结果生产一种类型的分化细胞。基因差异表达包括结构基因和调节基因的差异表达，差异表达的结构基因受组织特异性表达的调控基因调控。

2.4.3　细胞脱分化

脱分化（dedifferentiation）又称去分化，是指分化细胞失去特有的结构和功能，变为具有未分化细胞特性的过程，即分化的细胞在适当条件下转变为胚性状态而重新获得分裂能力的过程。不同生物的细胞脱分化能力不同，通常采用人工诱导技术诱导体细胞的脱分化。

2.4.4　细胞再分化

再分化（redifferentiation）是指在离体条件下，无序生长的脱分化的细胞在适当条件下重新进入有序生长和分化状态的过程。

再分化是生物个体再生的基础。脱分化是细胞全能性表现的前提，再分化是细胞全能性的最终体现。离体培养植物组织或细胞快速繁殖植株就是通过细胞脱分化和再分化实现的。

2.5　组织与器官

组织（tissue）是相同来源的细胞群组成的结构功能单位。

植物的组织可分为分生组织和永久组织两大类。植物发育早期（即处于胚胎时期），细胞都是有分裂能力的。在生长发育过程中，细胞分化而失去分裂能力，成为有特定功能的细胞组织，即**永久组织**（permanent tissue）。

在植物体内保留有一部分不分化的细胞，它们能继续分裂、分化以补充新的细胞。植物中，细胞进行迅速的有丝分裂并分化成新生组织及导致植物生长的那部分组织称为**分生组织**（meristem tissue）。有些分生组织经常处于活跃状态，不断分裂产生新细胞，如茎尖、根尖内的分生组织；有些分生组织经常处于潜伏状态，只有在条件适宜时才活跃起来，如腋芽内的分生组织。

器官（organ）是由不同的组织按照一定规律和空间布局形成的特定形态结构。以动物骨骼为例，其由骨髓、软骨、皮质骨、松质骨组织群以及羟基磷灰石等组成。被子植物具有典型的根、茎、叶、花、果实和种子等器官。

2.6 生殖与发育

不涉及性别、没有配子参与、没有受精过程的生殖都属于**无性生殖**（asexual reproduction）。许多高等植物的营养器官（如根、茎、叶等）在脱离母体后能发育成完整的植株，这种繁殖方式也称为营养生殖。

有性生殖（sexual reproduction）是两个配子融合为一，成为合子或受精卵，再发育成为新一代个体的生殖方式。

受精（fertilization）是卵子和精子融合为一个合子的过程，是有性生殖的基本特征。卵子受精后启动发育程序，形成胚胎的过程叫做**胚胎发生**（embryogenesis）。

2.6.1 植物有性生殖

2.6.1.1 被子植物

被子植物的生活史包括二倍体的孢子体和单性的配子体两个世代。花是被子植物的生殖器官，着生在花托上，由花被、雄蕊群和雌蕊群等部分组成。雄蕊是特化的叶，故又称小孢子叶。每一雄蕊分为花药和花丝两部分。花药产生小孢子，小孢子发育成花粉粒。成熟时，花粉囊壁破开，花粉散出。雌蕊也是特化的叶，又称大孢子叶。雌蕊顶端是柱头，是接受花粉完成传粉的地方。柱头下方是花柱，再下方是子房，子房中有一或多个卵形小体，即胚珠。花粉到达柱头后，使胚珠中的卵受精。传粉有自花传粉和异花传粉之分。受精之后子房和胚珠继续发育成果实和种子，通过不同的途径而被散播到远处，合适条件下萌发成为新植株。

2.6.1.2 裸子植物

裸子植物卵细胞在颈卵器中受精形成合子后，首先分裂成一个由 4 层细胞构成的原胚，其中顶端的胚细胞层细胞横向分裂后分化出次生胚柄和新的顶端细胞，它们是新一代孢子体的原始细胞，再由它们分裂形成“胚”的基本结构，包被在由胚珠分化而来的种皮内形成种子。萌发后的种子能通过茎端分生组织的活动不断形成新的侧生器官如大孢子叶和小孢子叶。在大孢子叶和小孢子叶中分别分化出胚珠和小孢子囊，形成大、小孢子母细胞，进入减数分裂，形成的孢子进一步分化形成雌、雄配子体，最终形成配子细胞。雄配子随机转移到胚珠上，然后以花粉管生长方式进入雌配子体的颈卵器中完成受精。

2.6.2　动物有性生殖

2.6.2.1　配子发生

配子分为雄配子（male gamete）和雌配子（female gamete）。动物的雌配子称为卵子（ovum），雄配子称为精子（spermatozoon）。二倍体的**原始生殖细胞**（primordial germ cell，PGC）通过减数分裂和分化转化成单倍体的精子或卵子。具体发生途径如图 2.6 所示。

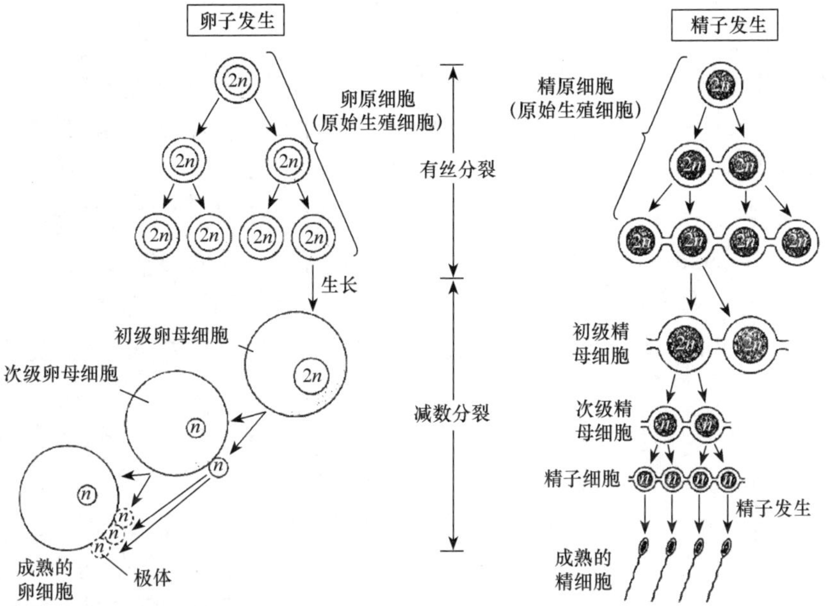

图 2.6　配子发生示意图（王金发，2003）

动物的精母细胞通过减数分裂形成 4 个精子细胞，精子细胞经过精子形成的变态发育过程，排出大部分细胞质，内部发生一系列变化成为精子。精子头内有一个高度浓缩的细胞核，核的前 2/3 有顶体覆盖。顶体实质上是一个很大的溶酶体，内含多种水解酶，如顶体蛋白、透明质酸酶、酸性磷酸酶等。在受精时，精子释放顶体中的酶消化卵子外面的结构，进入卵内。

动物的卵原细胞通过减数分裂形成一个成熟的卵细胞。卵巢排出的卵子一般处于第二次减数分裂中期，在受精时才完成第二次减数分裂并释放极体。若未受精，则排卵后 12～24h 退化。

动物的卵细胞储存有大量的营养供胚胎发育。卵细胞的细胞质中富含蛋白质、脂类和多糖等营养成分。卵细胞的外面具有外被（coat），其成分主要是糖蛋白，是由卵细胞或其他细胞分泌的。在哺乳动物中，这种外被叫做透明带（zona pellucida），其作用是保护卵子，阻止异种精子进入。许多卵子透明带下面的皮质部（cortex）还有一层分泌性的囊泡，称为皮质颗粒（cortical granule），受精时以外排的方式释放皮质颗粒能引起透明带结构变化，形成受精膜，阻止其他精子进入。

2.6.2.2 受精

动物受精过程包括卵子激活、调整和两性原核融合三个主要阶段。在分子水平上，受精不仅启动 DNA 的复制，而且激活卵内的 mRNA、rRNA 等遗传信息，合成出胚胎发育所需要的蛋白质。

精子**顶体蛋白**（acrosin）又称顶体酶，是指卵子与精子受精过程中所不可缺少的生物活性物质。其本质是水解酶类，可溶解卵膜，主要成分是与胰蛋白酶类似的顶体蛋白和少量透明质酸酶、酸性磷酸酶等。当卵子和精子都成功地被输送到受精部位时，精子的头部一旦接触到卵子表面时，位于其头部顶端的细胞器之一顶体（acrosome，实际上是一个溶酶体）就随之发生**顶体反应**（acrosome reaction），由顶体部分伸长为顶体丝，并分泌出多种酶蛋白（即顶体蛋白），顶体蛋白溶解卵膜，使精子头部穿透卵子的放射冠和透明带进入卵子，完成受精过程。

刚排出的精子虽有运动能力，但不能穿过卵子的放射冠和透明带，受雌性生殖道的分泌物（获能因子）作用后具有受精能力，这种作用称为**精子获能**（sperm capacitation）。在体外条件下，血清白蛋白、高密度脂蛋白、氨基聚糖、黄体酮、钙离子载体、卵透明带糖蛋白 ZP3（zona pellucida 3）等均可促进精子获能。获能的精子首先借助头后部（顶体后区）细胞膜 PH-20 的透明质酸酶活性穿过卵母细胞外卵丘细胞层，到达透明带，然后精子通过头前部（顶体区）细胞膜表面的 ZP 结合蛋白与卵母细胞透明带发生识别，完成结合过程，诱发顶体反应。顶体以外排的方式释放出水解酶，将卵子的透明带和卵黄膜溶解，形成精子穿过的通道。

通常一个卵子和一个精子结合，多精进入会形成多余的分裂极和纺锤体，导致细胞异常分裂而使胚胎发育终止。受精后卵细胞通过两种机制阻止多精进入：①膜瞬间去极化；②通过皮质反应，破坏精子受体和形成受精膜。精子的刺激使处于休眠状态的卵子被激活，重新回到减数分裂阶段，迅速完成第二次分裂，释放极体。此时，精子和卵子的细胞核分别称为雄原核（male pronucleus）和雌原核（female pronucleus）。雌、雄两原核相遇后，或融合（即两核膜融合成一个），或联合（两核并列，核膜消失，仅染色体组合在一起，以建立合子染色体组），完成受精形成二倍体的受精卵（fertilized ovum），又称合子（zygote）。

2.6.2.3　卵裂与胚胎发育

在动物胚胎发育中，受精卵经过迅速分裂和一系列形态演变形成了在胚胎学中称为胚层的结构，并在此基础上发育出复杂的成体组织结构。

受精卵的分裂称为**卵裂**（cleavage），卵裂形成的细胞为**分裂球**（blastomere）。卵裂在开始时是同步的，即一个受精卵 - 分裂为二，二分四、四分为八。动物的胚胎在 64 细胞以前为实心体，称为桑椹胚，继续分裂成由 100 多个细胞组成的早期胚泡。细胞团内部空隙扩大，成为充满液体的囊胚腔（blastocoel），此时的胚胎称为囊胚（图 2.7）。

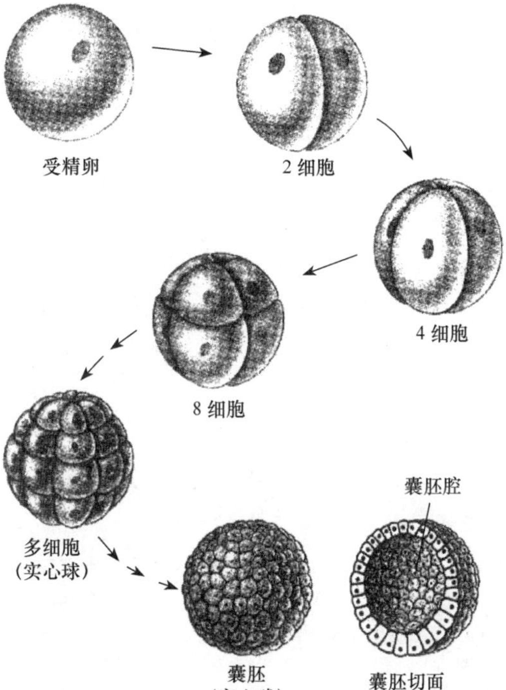

图 2.7　卵裂示意图（王金发，2003）

囊胚继续发育，部分位于外表面的细胞通过各种细胞运动方式（如移入、内卷、内陷）进入内部从而形成一个二层或三层的原肠胚。留在外面的称为外胚层（ectoderm），迁移到里面的称为内胚层（endoderm）、中胚层（mesoderm）（图 2.8）。三个胚层分别发育形成不同的组织与器官。例如，人类胚胎的外胚层形成神经系统、表皮、皮肤腺、毛发、指甲和牙齿等；中胚层形成骨骼、肌肉、

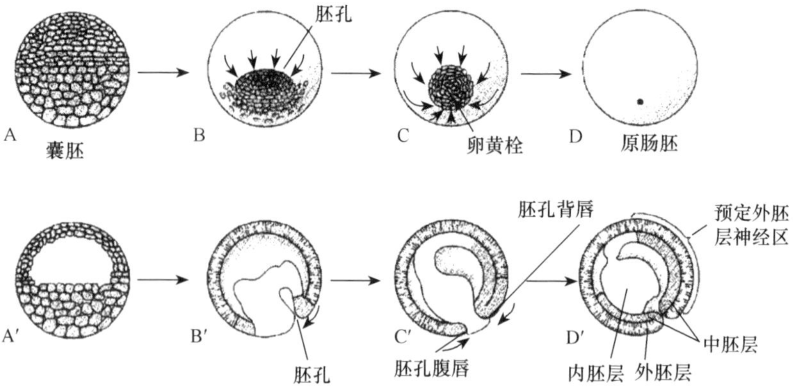

图 2.8　胚胎发育示意图（王金发，2003）

泌尿生殖系统、淋巴组织、结缔组织、血液；内胚层形成呼吸系统、消化道、肝、胰。

2.6.3　孤雌生殖与雄核发育

2.6.3.1　孤雌生殖

孤雌生殖（parthenogenesis）也称单性生殖，属于雌核发育（俗称假受精），是指卵不经过受精也发育成正常的新个体的生殖方式，普遍存在于一些较原始动物种类。孤雌生殖主要有以下三种情况。

1）偶发性孤雌生殖

偶发性孤雌生殖是指某些昆虫在正常情况下行两性生殖，但雌成虫偶尔产出的未受精卵也能发育成新个体的现象。常见的如家蚕、一些毒蛾和枯叶蛾等。

2）经常性孤雌生殖

经常性孤雌生殖也称永久性孤雌生殖。这种生殖方式在某些昆虫中经常出现，而被视为正常的生殖现象。

3）周期性孤雌生殖

周期性孤雌生殖也称循环性孤雌生殖。昆虫通常在进行 1 次或多次孤雌生殖后，再进行 1 次两性生殖。这种以两性生殖与孤雌生殖交替的方式繁殖后代的现象，又称为异态交替或世代交替。例如，棉蚜从春季到秋末，行孤雌生殖 10 至 20 余代，到秋末冬初则出现雌、雄两性个体，并交配产卵越冬。

孤雌生殖也可以用人工方法促其进行。例如海胆，用低渗溶液或高渗溶液、高温或低温处理，电刺激或化学物质刺激，均能使海胆卵进行孤雌生殖。

2.6.3.2　雄核发育

雄核发育（androgenesis）是指与精子结合的卵子失去遗传活性，胚胎的发育仅受父本遗传控制的生殖方式。

植物单独的雄配子经过细胞分裂发育成胚的现象也属于雄核发育。在这种发育方式中，与精子结合的卵子失去遗传活性，胚胎的发育仅受父本遗传控制。例如，黄鹌菜属和杜鹃属一些种间杂种，它们的雄配子可钻进无核的或核已退化的卵细胞中而形成胚。

雄核发育可以通过人工诱导实现，如使用紫外线、X 射线、伽马射线等物理方法处理卵子，使其失活后参与受精，再在适当时间通过冷、热、高压等处理使精核的染色体加倍，进而发育成为完全是父本性状的二倍体。花粉培养所育成的单倍体也可以看作是一种人工的植物雄核发育。

2.7　细 胞 重 组

细胞重组（cell recombination）是指从活细胞中分离出细胞器及其组分，在体外进行重新装配成为具有生物活性细胞的一种技术。

2.7.1　核体与胞质体

核体（karyoplast）是与细胞质分离后得到的带有少量细胞质并包有细胞膜的细胞核，因此也称为小型细胞（minicell）。核体能重新再生其细胞质部分。

胞质体（cytoplast）是除去细胞核后由细胞膜包裹的无核细胞。电镜观察表明，植物细胞的胞质体内的细胞器与完整细胞相同。

20 世纪 60 年代中期，卡特（Catter）发现用细胞松弛素 B（cytochalasin B）处理细胞能诱发细胞排核，再结合高速离心就可以得到核体与胞质体。大致步骤如下：①将细胞松弛素 B 用二甲基亚砜（DMSO）溶解，加入含细胞松弛素 B 的培养基处理细胞，促使核的排出；②高速离心，细胞核沉降于管底。适宜的温度、细胞松弛素 B 的剂量、培养液浓度及血清含量、离心速度、细胞密度等因素都是获得高纯度核体、胞质体的重要影响因素。

2.7.2　微细胞

微细胞又称为**微核**（micronucleus），是指含有一条或几条染色体，外有一薄层细胞质和一个完整细胞膜的核质体。与核体不同的是，微细胞仅含有一条或数条染色体。

秋水仙素及其衍生物和长春花新碱等有丝分裂阻断剂能干扰微管的合成与装配，导致细胞分裂后期染色体发散，发散开的染色体各自组装出自己的核膜。动物细胞经秋水仙素处理后，细胞核可以分裂成为若干个分别含有几条甚至一条染色体的微核，再经细胞松弛素 B 处理，微核就从细胞质中分离出来。

2.7.3 核体、胞质体和微细胞的组装

以分离得到的核体、胞质体、微细胞为原料可以重新装配成新的细胞。

（1）核体与胞质体重新组合形成新的细胞是一种非常重要的细胞重组技术。利用显微操作技术将一个细胞的细胞核移植到另一个细胞中，或者将两个细胞的细胞核或细胞质进行交换，从而可能创造无性杂交生物新品种。

（2）微细胞和完整细胞的融合可以将一个细胞基因组的一部分转移到另外一个细胞中。如果微细胞中只含有一条染色体或染色体片段，对于研究染色体的生物功能具有重要意义。

2.7.4 细胞器及细胞组分分离

细胞内不同的细胞器和分子有不同的密度，具有不同的沉降系数。沉降系数以每单位重力的沉降时间表示，通常在 1×10^{-13}～200×10^{-13}s 范围，1 个沉降单位 S＝10^{-13}s。血红蛋白的沉降系数约为 4×10^{-13}s 或 4S；大多数蛋白质和核酸的沉降系数在 4S 和 40S 之间；核糖体及其亚基的沉降系数在 30S 和 80S 之间，多核糖体的沉降系数在 100S 以上。

细胞破碎后不同的细胞器或细胞组分的质量或密度不同，可采用密度梯度离心分离将它们彼此分离。

密度梯度离心分离原理是采用分离介质产生密度梯度，通过离心使不同密度的颗粒悬浮到相应的介质密度区域。密度低的介质在上层，密度高的介质在下层。密度梯度分为连续梯度、非连续梯度等。不同细胞（或细胞器、细胞组分）受强离心力的作用到达与其密度相同的分离介质层面，并保持平衡。在非连续密度梯度介质中，细胞主要集中在与其自身密度相似的两种密度介质的交界面上，从而达到分离的目的。

分离介质要求具有无刺激、对细胞无吸附作用、渗透压小等特点。目前常用的分离介质有碘六醇、聚蔗糖（ficoll）、氯化铯（CsCl）等。蔗糖或者甘油的最大密度是 1.3g/cm^3，通常用于分离膜结合的细胞器。如图 2.9 所示，采用蔗糖配制的密度梯度介质可以实现线粒体的分离。对于密度大于 1.3g/cm^3 的样品，如 DNA、RNA，需要使用密度比蔗糖、甘油大的介质。氯化铯是目前使用最多的分离介质，在离心力作用下可以形成浓度梯度。

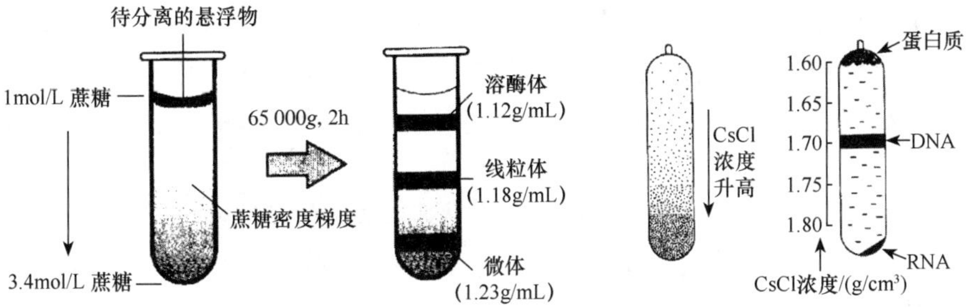

图 2.9　密度梯度离心分离示意图（王金发，2003）

2.7.5　细胞器转移

细胞器转移（organelle transfer）是将一个物种的细胞器转移到另外一个物种细胞中的技术。一般采用类似细胞核移植的方法实现细胞器的转移。

细胞器转移对于新品种培育具有重要价值。

（1）如果能把高光合效率作物（如玉米、高粱）的叶绿体转移到低光合效率作物（如水稻、小麦）中，就可使低光合效率作物变为高光合效率作物，从而达到增产的目的。操作上，可将分离纯化的叶绿体与原生质体一起混合培养，通过细胞的胞饮作用将叶绿体摄入原生质体，经过培养，原生质再生发育成完整的植株；也可以采用 PEG 处理诱导原生质体摄入叶绿体。

（2）线粒体有自己的遗传基因，因此，线粒体转移可以传递遗传信息给受体细胞，从而表现某些特征，如抗药性和雄性不育等。线粒体分离主要采用梯度离心分离法，线粒体转移方法有微注射、载体转移、胞饮摄入等。

2.7.6　胞质杂种

细胞核是遗传信息的主要携带者，细胞质内的线粒体基因也决定着生物的一些性状。采用细胞工程技术有可能获得细胞核、叶绿体、线粒体基因的不同组合，培育出胞质杂种。

将来源不同的细胞质遗传物质与细胞核组合在一起得到的人造细胞是**胞质杂种**（cybrid）。此外，对细胞质基因进行改造也可以改造植物遗传性状。将目的 DNA 整合到细胞器的 DNA 中，然后通过细胞器转移方法转入原生质体进行培养，再生的植株可能具有新的性状。

2.7.7　人造细胞

除了对自然细胞进行改造外，通过人工组装构建一个具有预期功能的**人造细胞**（artifical cell）也是一个重要的研究方向。

2010年美国克雷格·文特尔研究所在《科学》杂志上报道了首例人造生命——完全由人造基因控制的单细胞生命。他们人工合成了一种名为蕈状支原体的微生物的脱氧核糖核酸（DNA），并将其植入另一个内部被掏空的、名为山羊支原体的微生物体内，并成功繁殖。

从生物工程角度，人造细胞由于具有从环境中吸收功能性生物大分子、调控物质交换、促进新陈代谢和能量转换、产生预期生物产品等特点，具有较大的潜在应用价值。

在人造细胞构建时必须解决人造细胞和环境之间的物质运输、能量支持、细胞内大分子代谢活动、核酶和细胞增殖等问题。例如，①需要一个和外界环境分隔但又允许外界分子和离子通过的膜结构，同时设计合适的载体分子、跨膜蛋白或特殊的通道和泵来实现大分子物质跨越人造细胞膜；②需要可携带信息功能的多聚物以及能够作为模板进行新物质合成的物质；③必须有一个保证细胞内生化反应和细胞功能的调控机制。美国洛克菲勒大学的科学家将能够生产蛋白质的生物分子混合物悬浮在油中形成微小颗粒。然后在这些颗粒外包裹两层肥皂状的磷脂分子，像细胞膜一样将生物分子混合物颗粒包裹其中。这种“人造细胞”具备将氨基酸转变为蛋白质的能力，因此像一个微型“工厂”，可以生成具有工业或医学价值的蛋白质。

2014年《科学》报道，研究者成功组装成具有新陈代谢、可编码蛋白质合成和通信的人工细胞。通过毛细血管内营养的连续扩散维持代谢，将蛋白质合成与环境相连接，实现了蛋白质表达、蛋白质水平自动调节与信号表达程度的程序性控制。

2.8 细胞培养

2.8.1 定义

细胞培养（cell culture）是指从体内组织分离细胞，模拟体内环境，在无菌、适当条件下使其生长繁殖的一种技术。细胞培养的对象可以是单个细胞或细胞群。

细胞工程领域的细胞培养根据对象可分为植物细胞培养（原生质体培养、花药培养、愈伤组织培养、藻类细胞培养）和动物细胞培养（精子与卵子培养、受精卵培养、胚胎培养、组织与器官培养）。微生物细胞培养属于微生物工程范畴，这里不予以介绍。与微生物细胞培养不同，植物、动物细胞培养的倍增时间非常长，如长春花细胞倍增时间为48h。

根据不同分类标准，培养方法分为液体悬浮培养、固定化培养；原代培养、传代培养；分批培养、流加培养、半连续培养、连续培养、灌注培养等。

环境对于细胞生长具有重要影响。重要的环境因素包括：营养、温度、pH、渗透压、溶解氧、光照、剪切力等。

细胞培养应用体现在直接应用和间接应用两个方面。直接应用方面，作为核心技术用于生产有价值的生物制品和药物。间接应用方面，作为一个支撑技术为细胞工程相关研究与应用服务。例如，为细胞生物学基础研究、活性筛选与药理研究模型、细胞重组、细胞融合、人工诱变、基因操作等提供细胞材料；为植物组织培养、无性繁殖、人工种子、新品种培育，动物体外受精、克隆技术、转基因动物等提供支撑技术。

2.8.2　细胞培养方式

根据细胞培养时营养成分添加方式以及培养液与细胞收集方式的不同，可以有分批式、流加式、半连续式、连续式和灌注式五种操作方式。植物细胞大规模培养多采用流加培养或半连续培养的方式，灌注培养多用于动物细胞培养。

2.8.2.1　分批培养

分批培养（batch culture）是指细胞和培养基一次性加入培养容器或生物反应器内进行培养，在培养过程中培养液体积不变，不添加营养成分，待细胞增长和产物积累到适当的时间，一次性收获细胞、产物和培养液的培养方法。分批培养过程中，细胞的生长一般分为 5 个阶段：延迟（适应）期、指数生长期、减速期、平台期和衰退期。

分批培养的特点如下。

（1）操作简单，培养周期短。培养系统属于封闭式，培养过程中与外部环境没有物料交换，染菌和细胞变异的概率低。除了控制温度、pH 和通气量或搅拌速度外，不进行其他任何控制。

（2）直观反映细胞生长代谢过程。因为培养期间不添加任何营养成分，细胞生长代谢是在一个相对固定的环境，适合研究营养消耗、细胞生长、代谢产物积累的规律。

（3）可直接放大。由于培养过程工艺简单，对设备和控制的要求较低，规模放大比较容易。

但是，分批培养存在不能控制底物浓度、细胞易老化、生长周期短、效率低等不足。

2.8.2.2 流加培养

流加培养（fed batch culture）是指在分批培养过程中，间歇或连续地补加一种或多种营养成分的培养方法。细胞初始接种的培养液体积一般为终体积的1/3～1/2，在培养过程中根据细胞对营养物质的不断消耗和需求补加营养，从而使细胞持续生长至较高的密度，目标产品达到较高的水平。整个培养过程没有培养液流出或细胞产品的收集。

与分批培养相比，流加培养具有以下优点。

（1）可根据细胞生长速率、营养物消耗情况，补充营养。

（2）可以减少产物反馈抑制，排除有害代谢产物积累带来的细胞损伤。细胞不易老化。

（3）可以避免在分批培养中因一次投料过多造成的底物抑制等影响，改善培养液流体学性质。

（4）可延长指数生长期，从而提高细胞浓度，延长细胞培养周期，提高产物浓度。

流加培养分可为两种类型：单一补料和反复补料。

（1）单一补料：在培养开始时投入一定量的基础培养液，培养到一定时期，开始连续补加浓缩的营养物质，直到培养液体积达到生物反应器的最大操作容积，停止补加，最后将细胞培养液一次性全部放出。该操作方式受到反应器容积的限制，培养周期只能控制在较短时间内。

（2）反复补料：在单一补料操作的基础上，每隔一定时间按一定比例放出一部分培养液，使培养液体积始终不超过反应器的最大操作容积，从而在理论上可以延长培养周期，直至培养效率下降才将培养液全部放出。

2.8.2.3 半连续培养

半连续培养（semi-continuous culture）又称为重复分批式培养或换液培养。在细胞增长和产物形成过程中，每间隔一段时间从中取出部分培养液或细胞，剩余的细胞作为种子，再用新的培养液补足原有体积，使生物反应器内的总体积不变。

半连续培养的特点如下。

（1）细胞可持续指数生长，并可保持产物和细胞在较高的浓度水平，培养过程可延续很长时间。

（2）可进行多次收获。

（3）操作简便，生产效率高。

2.8.2.4　连续培养

连续培养（continuous culture）是在细胞达到最大密度之前，以一定速度向生物反应器连续添加新鲜培养液，同时含有细胞的培养液以相同的速度连续从生物反应器流出，以保持培养体积的恒定的培养方式。理论上讲，该过程可无限延续下去。

连续培养的特点是：细胞能在近似恒定状态下生长，营养物质浓度、产物浓度、pH 基本可保持恒定，细胞浓度以及细胞比生长速率可基本维持不变，细胞持续指数增长。稳定状态可有效地延长分批培养中的对数生长期。

但是，连续培养存在的问题是：①一直有细胞收获，浓度一般不高；②细胞分裂快、易变异；③由于是开放式操作，加上培养周期较长，容易造成污染；④对设备、仪器的控制技术要求较高。

2.8.2.5　灌注培养

灌注培养（perfusion culture）是把细胞和培养液一起加入生物反应器后，在细胞增长和产物形成过程中，不断地将部分培养液取出，同时又连续不断地补充新的培养液。它与连续培养的不同之处在于取出培养液时，细胞均保留在生物反应器内。

灌流培养的特点如下。

（1）细胞截留系统可使细胞保留在生物反应器内，维持较高的细胞密度。

（2）连续灌流系统能使细胞处在较稳定的营养环境中，有害代谢废物浓度积累较低。

（3）反应速率容易控制，培养周期较长，可提高生产率，目标产品回收率高。

（4）产品在生物反应器内停留时间短，可及时回收，有利于保持产品的活性。

2.8.3　细胞培养动力学

细胞培养动力学（dynamics of cell cultivation）是研究细胞生长、基质消耗以及产物生成规律的科学，包括细胞生长动力学、基质消耗动力学以及产物生成动力学。

分批培养是研究细胞生长、基质消耗以及产物生成规律的主要培养模式，半连续、连续等培养过程动力学都是在此基础上建立的，因此下面重点介绍分批培养过程动力学。

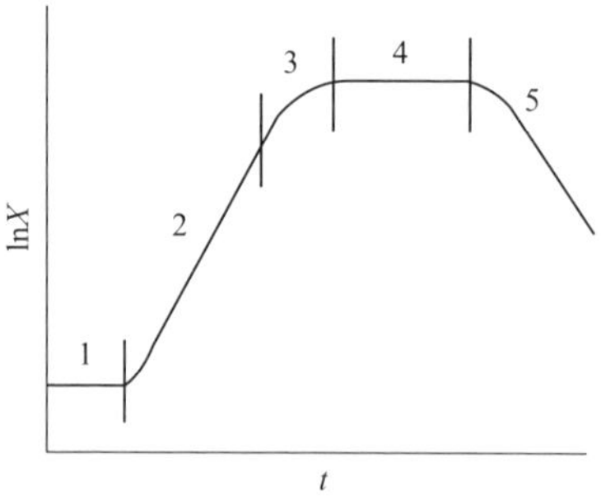

图 2.10　分批培养的细胞生长曲线
1．延迟（适应）期；2．指数生长期；3．减速期；4．平台期；5．衰退期

2.8.3.1　分批培养细胞生长动力学

在分批培养过程中，细胞生长过程主要包括：延迟（适应）期、指数生长期、减速期、平台期和衰退期五个阶段（图 2.10）。

1）延迟（适应）期（lag phase）

延迟（适应）期是细胞适应新环境的阶段。此时细胞很少分裂，营养物质几乎不消耗。延迟（适应）期时间的长短与种龄、接种量大小及营养物质新旧环境差异有关。采用有活力的种子，适当提高接种量有利于缩短延迟（适应）期。

2）指数生长期（exponential growth phase）

该阶段，由于培养基中的营养物质比较充分，细胞生长不受限制，生长旺盛，细胞浓度随时间呈指数增长。细胞浓度的变化率 $\left(\frac{dX}{dt}\right)$ 与细胞浓度（X）成正比。

$$\frac{dX}{dt}=\mu X$$

式中，X 为细胞浓度；t 为时间；μ 为比生长速率。

在指数生长期，比生长速率达到最大比生长速率 μ_m 并保持不变。将细胞浓度变化的对数值与时间作图得到一直线，斜率就是 μ_m。

$$\mu_m=\frac{2.303\lg\left(\frac{X_2}{X_1}\right)}{t_2-t_1}$$

式中，X_1、X_2 为 t_1、t_2 时的细胞浓度；μ_m 为最大比生长速率。

细胞浓度增加 1 倍的时间称为倍增时间（τ_d）。

$$\tau_d=\frac{\ln 2}{\mu_m}=\frac{0.693}{\mu_m}$$

式中，μ_m 为最大比生长速率。

微生物细胞的倍增时间（τ_d）较短，细菌一般为 0.25～2h；哺乳动物细胞一般为 15～200h；植物细胞倍增时间较长，草本植物一般为 1～3d，木本植物一般为 2～10d。

3）减速期（progressive decelerational phase）

由于细胞浓度增高、营养物质消耗、有害代谢产物积累，细胞生长受到抑制，生长速率逐渐下降，细胞生长进入减速期。

当培养液中不存在抑制细胞生长的物质时，细胞的比生长速率（μ）和限制性基质浓度（S）关系如下，即描述底物浓度对生长影响的 Monond 动力学模型，能较好地描述细胞生长行为，具有模型简单、参数少等优点，而应用广泛。

$$\mu = \mu_m \frac{S}{K_s + S}$$

式中，S 为限制性基质浓度；K_s 为饱和常数，是比生长速率达到最大比生长速率一半时对应的限制性基质浓度；μ_m 为最大比生长速率。

当限制性基质浓度很低，即 $S \ll K_s$ 时，增加该限制性基质浓度可以明显提高细胞的比生长速率。但是，如果基质浓度与 K_s 相比已经很高时，再增大其浓度也不能显著提高细胞生长的比生长速率。

微生物的 K_s 普遍较低，大肠杆菌的葡萄糖基质的 K_s 为 $0.068kg/10^3m^3$。因此，在分批培养时尽管由于细胞生长，基质浓度会不断下降，但是比生长速率还是比较接近最大比生长速率，因此可以以较快速率生长。动物、植物细胞的 K_s 一般较高，如烟草的葡萄糖基质的 K_s 为 $250kg/10^3m^3$，果糖基质的 K_s 为 $940kg/10^3m^3$。因此，动植物细胞生长比微生物缓慢。

4）平台期（plateau phase）

此时，营养物质进一步消耗，有害代谢产物大量积累，细胞生长受到严重抑制。生成的和死亡的细胞数量大致相当，细胞生长进入静止期，细胞浓度达到最大值。

如果细胞比生长速率下降是由于营养物质消耗引起的，没有其他抑制物的作用，最大细胞浓度与限制性基质的初始浓度有线性关系，可以通过以下公式估计分批培养可能达到的最大细胞浓度（X_m）。

$$X_m = X_0 + \frac{K}{\mu_m} S_0$$

式中，X_0 为接种时的细胞浓度；S_0 为限制性基质接种时的浓度；μ_m 为最大比生长速率；K 为常数。

5）衰退期（senescence phase）

由于营养耗尽，有害物质大量积累，细胞开始自溶、死亡。大多数分批培养都在进入衰退期前结束。

2.8.3.2 分批培养基质消耗动力学与产物生成动力学

1）细胞与产物得率

细胞体内的生物反应非常复杂，简化处理后总的反应式可描述为

碳源＋氮源＋氧⟶细胞＋产物＋二氧化碳＋水

细胞对基质的得率系数（$Y_{X/S}$）可描述为

$$Y_{X/S}=\frac{\Delta X}{\Delta S}$$

式中，ΔX 为细胞生成量；ΔS 为基质消耗量。

产物对基质的得率系数（$P_{X/S}$）可描述为

$$P_{X/S}=\frac{\Delta P}{\Delta S}$$

式中，ΔP 为产物生成量；ΔS 为基质消耗量。

2）基质消耗速率

细胞分批培养过程中，基质的消耗是由于细胞和产物的生成。根据物料衡算，可以将基质消耗速率$\left(-\frac{\mathrm{d}S}{\mathrm{d}t}\right)$描述为

$$-\frac{\mathrm{d}S}{\mathrm{d}t}=\frac{\mu X}{Y_{X/S}}$$

式中，S 为基质浓度；X 为细胞浓度；t 为时间；μ 为比生长速率；$Y_{X/S}$ 为细胞对基质的得率系数。

3）产物生成速率

细胞的产物比较复杂，一般产物的形成与细胞生长的关系有三种：产物生成与细胞生长相伴随、产物生成与细胞生长部分伴随、产物生成与细胞生长不相关。

对于产物生成与细胞生长相伴随，产物生成速率$\left(\frac{\mathrm{d}P}{\mathrm{d}t}\right)$可描述为

$$\frac{\mathrm{d}P}{\mathrm{d}t}=Y_{P/X}\cdot\frac{\mathrm{d}X}{\mathrm{d}t}=Y_{P/X}\cdot\mu X$$

式中，$Y_{P/X}$ 为单位质量细胞生成产物的量；P 为产物浓度；t 为时间；X 为细胞浓度；μ 为比生长速率。

对于产物生产与细胞生长部分伴随，产物生成速率可描述为

$$\frac{\mathrm{d}P}{\mathrm{d}t}=\alpha\cdot\frac{\mathrm{d}X}{\mathrm{d}t}+\beta X$$

式中，α、β 为常数；P 为产物浓度；X 为细胞浓度；t 为时间。

对于产物生成与细胞生长不相关，当细胞处于生长阶段并无产物积累，但是当细胞生长基本停止，大量产物开始积累。抗生素等次级代谢产物多属于此类型。产物生成速率可描述为

$$\frac{\mathrm{d}P}{\mathrm{d}t}=(\alpha\mu+\beta)X-\mathrm{k}P$$

式中，α、β、k 为常数；P 为产物浓度；t 为时间；X 为细胞浓度；μ 为比生长速率。

2.8.4　生物反应器

生物反应器（bioreactor）一般是指细胞培养生物反应器，是为细胞生长提供合适的化学与物理环境并能检测控制细胞生长的装置，主要包括：反应罐、控制系统、检测系统。

按照搅拌方式可分为机械搅拌式生物反应器和气动式生物反应器两大类，后者按照通气方式又可分为气升式与鼓泡式两种（图 2.11）。机械搅拌式生物反应器搅拌混合强度大，但是剪切力也比较大。气动式生物反应器中培养液混合的动力来自气体，优点是由于没有活动的搅拌装置，结构简单，能耗低，剪切力小，对细胞伤害小；缺点是在低气速及培养后期细胞密度较高时，混合效果较差。

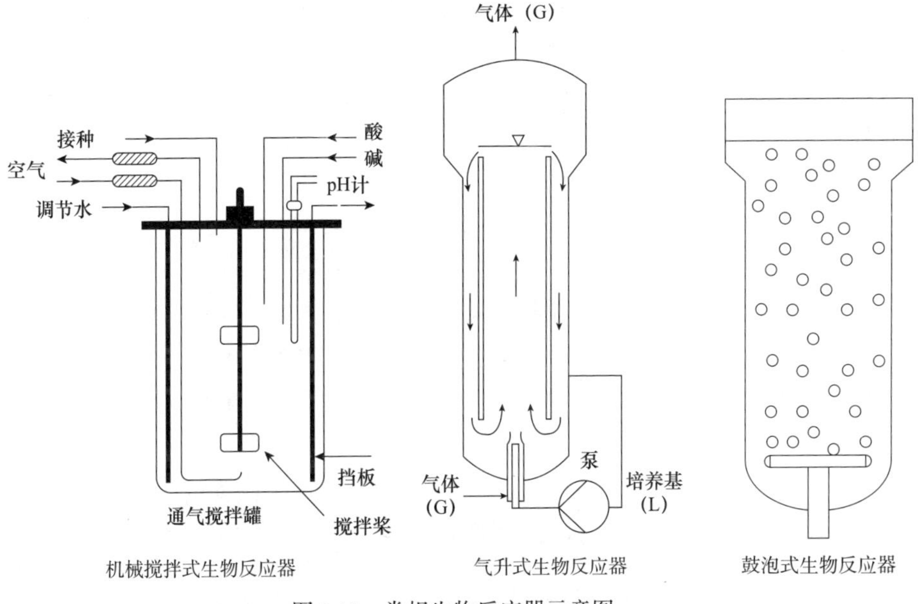

图 2.11　常规生物反应器示意图

1）机械搅拌式生物反应器

机械搅拌式生物反应器（stirred tank bioreactor）一般由罐体、搅拌桨、控温系统、气路、传感器等组成。依靠搅拌桨使液体产生轴向流动和径向流动。该生物反应器的优点是搅拌充分，供氧能力和混合效果较好；缺点是剪切力对细胞的损伤大。搅拌桨主要有平叶式、弯叶式和箭叶式等。挡板的作用是克服搅拌桨引起的涡流，将径向流动改为轴向流动，增加溶氧。对于用于植物细胞培养的机械搅拌式生物反应器，应该重点对搅拌器进行选择或改造，尽量降低剪切力损伤。

2）气升式生物反应器

气升式生物反应器（air-lift bioreactor）由气升室、气降室、除气室和底部四部分组成。培养液循环的动力来自气升室、气降室中因含气量不同而在底部产生的压力差，因而比鼓泡式生物反应器有更均一的流动形式。根据反应器内部结构与气体分布器的位置不同可分为内环流和外环流两种（图 2.11 是内环流）。培养物混合程度由下列因素决定：①通气速率或通气量；②气体分布的位置和构型；③容器的高度与直径比；④培养液的黏度。气升式生物反应器可以给植物细胞的生长和代谢合成提供适宜的环境，适用于工业化生产。

3）鼓泡式生物反应器

鼓泡式生物反应器（bubble column bioreactor）又称为鼓泡塔式反应器，是最简单的气动式生物反应器。气体分布器一般位于反应器底部中央，气体从底部通过喷嘴或孔盘进入反应器。不同于气升式生物反应器，液体在鼓泡式生物反应器内部呈无规律的湍流状态。培养过程中没有机械能消耗，适合于培养对剪切力敏感的细胞。然而对密度高及黏度较大的培养物，反应器的混合效率会降低。

复　习　题

1. 举一例详细说明生命科学理论是如何指导细胞工程技术建立的。
2. 举一例说明细胞工程技术是如何推动生命科学理论体系完善和发展的。
3. 查阅文献，举例分析如何通过优化生物反应器来提高细胞培养效率。
4. 查阅资料，了解人造细胞（生命）的进展及其意义。

扩展学习资料

陈阅增. 1999. 普通生物学. 北京：高等教育出版社

吴庆余. 2006. 基础生命科学. 2 版. 北京：高等教育出版社

Junker JP, van Oudenaarden A. 2014. Every cell is special: genome-wide studies add a new dimension to single-cell biology. Cell, 157: 8-11

Noireaux V, Maeda YT, Libchaber A, et al. 2011. Development of an artificial cell, from self-organization to computation and self-reproduction. Proceedings of the National Academy of Sciences of the United States of America, 108: 3473-3480

Woodgett J, Loughlin DT. 2016. Enabling the next 25 years of cell biology. Trends in Cell Biology, 26: 789-791

第二篇

植物细胞工程

第3章 植物组织与器官培养

3.1 植物组织培养

植物组织培养（plant tissue culture）是指将植物组织在适当培养条件下诱导长成完整植株的技术。

植物组织培养再生植物的理论基础是细胞全能性。一般来说，细胞全能性高低与细胞分化程度有关，分化程度越高，细胞全能性越低。植物细胞全能性高于动物细胞；生殖细胞全能性高于体细胞。

植物组织培养再生的植物称为**试管植物**（vitro plant）。组织培养可在短期内获得大量遗传性一致的植物个体，其具有以下优点：

（1）便于人工控制培养条件；周期短，繁殖速度快。

（2）占用空间小，不受地区、季节限制。

（3）利于筛选突变体，是优良品种培育的有效途径。

（4）利于繁殖珍稀、濒危植物，保持品种的特性。

3.1.1 发展历史

早在1902年，德国植物学家哈贝尔兰德（Haberlanclt）根据细胞理论大胆提出了细胞器官和组织可以不断分割直至单个细胞的观点。1934年荷兰植物学家温特（Went）发现了生长素吲哚乙酸。随后吲哚丁酸、萘乙酸和2，4-二氯苯氧乙酸（2，4-D）等生长素相继被发现；B族维生素对植物细胞的重要性也被认识。1937年前后，法国科学家高特里特（Gautheret）和诺比考特（Nobercourt）几乎同时培养了胡萝卜根的小块组织，并使细胞增殖获得成功。1948年，我国科学家崔徽和美国科学家斯库格（Skoog）确定了腺嘌呤和生长素的比例是控制芽和根形成的一个重要条件。

1953年，缪尔（Muir）从无菌的冠瘿组织的悬浮培养物及愈伤组织分离得到单个细胞，并通过看护培养使细胞分裂生长，开创了单细胞无性繁殖。1956年米勒（Miller）、斯库格（Skoog）等在鲱鱼精子水解产物中发现了有高度活力的能促进细胞分裂和芽形成的物质，将其命名为激动素（kinetin）。1958年，史都华德（Steward）等从胡萝卜根愈伤组织获得单细胞，并且诱导形成胚状体再生了植株，这是世界上首次通过实验证实了植物细胞具有全能性。

20 世纪 60 年代后期，植物组织培养开始走向大规模的应用阶段。1960 年，莫蕾尔（Morel）进行兰属植物的茎尖培养，实现了去病毒和快速繁殖两个目的。早在 20 世纪 30 年代，我国科学家罗宗洛开始研究离体根尖培养，李继侗发现了银杏胚乳提取物对离体胚发育有促进作用。

3.1.2　植物组织培养再生植株途径

植物组织培养再生植株可以通过两条途径完成：①器官发生途径；②体细胞胚发生途径。以胡萝卜再生植株为例，可以采取的途径如图 3.1 所示。

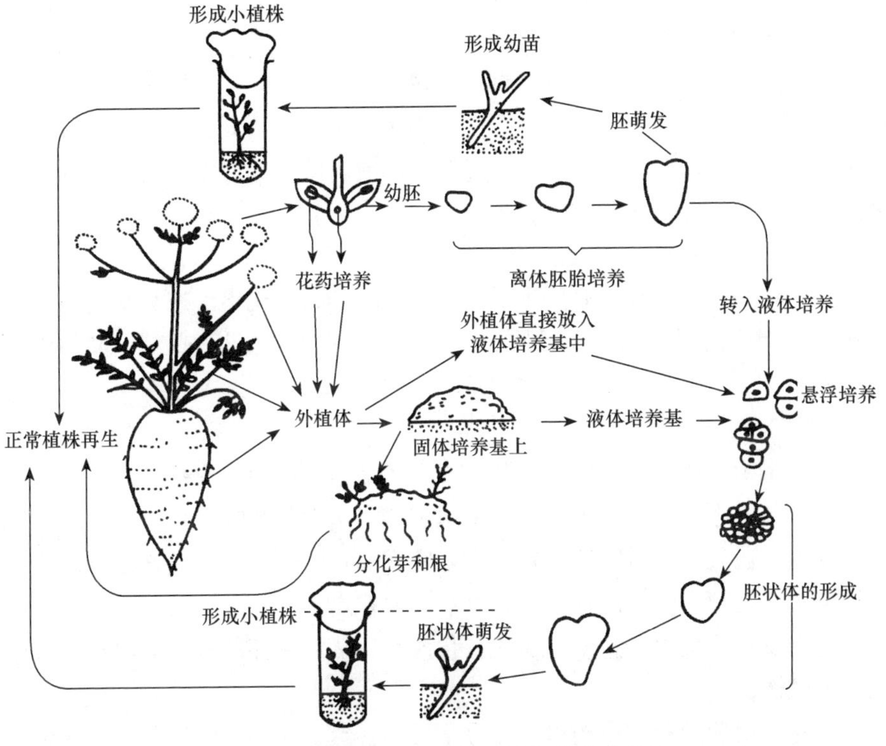

图 3.1　胡萝卜再生植株的示意图（崔凯荣和戴若兰，2000）

3.1.2.1　器官发生途径

器官发生（organogenesis）是指离体培养的植物组织或细胞团（愈伤组织）分化形成不定根、不定芽等器官的过程。在自然界中，许多植物的无性繁殖（如插条、嫁接等）属于器官发生途径的发育方式。

愈伤组织（callus）是植物脱分化后形成的细胞经过分裂产生无组织结构、无明显极性的松散的细胞团。自然状态下，植物受损部位的细胞会释放自溶物质诱导细胞分裂形成愈伤组织。人工愈伤组织诱导过程实质是功能细胞进行脱分化的过程，可以获得具有分裂能力的细胞。

外植体（explant）指从植物体上切取下来以进行培养的部分组织或器官。

由外植体或单个细胞经愈伤组织再生植株一般要经过启动期、愈伤组织诱导、拟分生组织的形成、器官原基和器官的形成四个阶段。

1）启动期

通过向培养基中添加一定浓度、种类和比例的外源激素刺激外植体细胞改变原来的代谢途径，诱导其脱分化和分裂。

2）愈伤组织诱导

理论上，任何植物的任何部位都可以诱导产生愈伤组织，但是不同植物、同一植物的不同部位诱导产生愈伤组织的能力是不同的。培养基中激素的种类、浓度及组合对愈伤组织诱导都有着重要作用。同时，湿度、温度、光照等因素也非常重要。

3）拟分生组织的形成

将愈伤组织转移到利于有序生长的条件下培养，分化出形态和功能不同的细胞，在若干部位出现类似形成层的细胞群，通常称为“生长中心”，又称为“拟分生组织”。

4）器官原基和器官的形成

拟分生组织形成后，一些细胞分化成管状细胞，进而形成维管组织，形成不同的器官原基，进一步分化出相应的组织和器官。大多数情况下，植物再生过程中器官发生是通过提供适宜的植物激素来实现的。生长素和分裂素在离体器官分化调控中起着关键作用。器官发生有以下三种方式。

（1）先发芽后生根：愈伤组织先分化成芽，然后在芽的基部长出根，进而发育成完整植株。

（2）先生根后发芽：愈伤组织先分化成根，然后在根上产生不定芽，再形成完整植株。

（3）同时生根发芽：在愈伤组织的不同部位同时（有时也略有先后）形成芽和根。芽中的维管组织向下分化，与根部的维管组织相互连接，形成统一的轴状结构，发育成植株。

3.1.2.2 体细胞胚发生途径

体细胞胚（somatic embryo）又叫胚状体，是指离体培养条件下没有经过受精过程而形成的胚胎类似物。

体细胞胚发生是指体细胞在离体培养过程中经过了胚胎发育过程。体细胞胚起源于非合子细胞，因此不同于合子胚。

生长素、分裂素、氮源、无机盐等对体细胞胚的形成有重要影响。

（1）生长素对体细胞胚发生具有重要的调控作用。例如，可以在含高浓度生长素 2，4-二氯苯氧乙酸的培养基中诱导胚性细胞的形成，然后在降低了 2，4-二氯苯氧乙酸浓度的培养基中产生早期胚胎。一般在球形胚形成后除去生长素以利于体细胞胚的继续发育。

（2）分裂素在促进细胞分裂、维持细胞活跃生长方面具有重要作用。体细胞胚发生过程中使用的分裂素（如 6-苄基嘌呤）浓度一般低于生长素浓度。体细胞胚发育以细胞分裂为前提，当胚胎结构建立以后，分裂素对于维持根和茎分生组织的正常发育具有重要作用。

体细胞胚发生有以下几种途径。

1）器官外植体直接发生途径

茎表皮、叶、子叶、下胚轴等外植体细胞经过脱分化后均可以产生胚状体。以叶片为外植体直接形成体细胞胚为例，一般经过以下两个阶段。

（1）诱导期：叶片表皮细胞或亚表皮细胞感受刺激后进入分裂状态，形成小的瘤状突起。

（2）胚胎发育期：瘤状物继续发育，经过球形胚、心形胚等阶段，最后形成体细胞胚。

2）悬浮培养细胞发生途径

植物细胞悬浮培养液中存在两种细胞：①自由分散的大而高度液泡化的细胞，这类细胞一般不具备胚胎发生能力；②成簇、成团的体积小而细胞质致密的细胞，具有成胚能力，这类细胞被称为胚性细胞团。

在胚性细胞团外周是成群的非常活跃的分生细胞，具有若干个小液泡和一个大的核。胚性细胞团中央的细胞具有大的液泡和小而致密的核。随着胚性细胞团外周细胞不断分裂，中央细胞体积逐渐增大，彼此分离，从而引起胚性细胞团解体。周围的分生细胞离散形成新的小细胞团，再发育成新的胚性细胞团。将胚性细胞团转移到胚胎发生培养基上，周围的细胞开始第一次不均等分裂，细胞团的一个细胞较大，以后发育成类似胚柄的结构；另一些细胞继续分裂成类似原胚的结构，再经过类似于合子发育的球形胚、心形胚等阶段发育成体细胞胚。

3）愈伤组织发生途径

愈伤组织发生途径是胚状体常见的发生形式。愈伤组织内部或表面细胞均可以产生胚状体。这种途径包括三个阶段：①诱导外植体形成愈伤组织；②诱导愈伤组织胚性化；③体细胞胚形成。

4）单细胞发生途径

单细胞发生途径主要是指培养小孢子或大孢子细胞产生胚状体。通过花药或花粉培养，由小孢子诱导胚状体发生的方式较为常见。

5）原生质体发生途径

原生质体（protoplast）是去除细胞壁后裸露的球形细胞。培养植物原生质体，再生细胞壁后，经过分裂产生的细胞团也可以形成胚状体。

3.1.3 植物组织培养的培养基

3.1.3.1 无机盐

一般只含无机盐的培养基称为基本培养基。培养基中无机盐的浓度通常为25mmol/L左右。根据添加量的多少分为大量元素（浓度高于0.5mmol/L）和微量元素（浓度低于0.5mmol/L）。大量元素主要有氮、硫、磷、钾、钙、镁。其中，氮、硫、磷是蛋白质、氨基酸、核酸和酶的主要成分；钾对于酶有活化作用，其浓度一般为20mmol/L或更高一些；钙在植物信号转导中发挥重要作用；镁是叶绿素的组成部分，在细胞分裂中起作用。微量元素主要包括铁、锰、铜、锌、氯、硼、钼等。微量元素对于蛋白质或酶的生物活性十分重要。

3.1.3.2 有机物

常用的有机物成分包括糖类、氨基酸、维生素、醇类等。

（1）糖类是离体培养植物细胞所必需的，既可以作为碳源，又可以维持渗透压。蔗糖或D-葡萄糖是常用碳源。蔗糖浓度通常为3%～10%。一般在诱导脱分化阶段蔗糖浓度高一些，分化培养时蔗糖浓度低一些。大多数植物以蔗糖为碳源时生长都比较好，少数植物适合在以葡萄糖或果糖为碳源的培养基上生长，也有植物利用麦芽糖、半乳糖、甘露醇、山梨醇和乳糖作为碳源。

（2）氨基酸通常采用蛋白质水解产物（包括酪蛋白水解物）、谷氨酰胺或氨基酸混合物。

（3）维生素直接参与酶的合成，还参与蛋白质和脂肪的代谢。尽管在培养过程中细胞能合成必需的维生素，但是满足不了需求，需要在培养基中添加。常用的维生素包括：硫胺素（thiamine，V_{B_1}）、吡哆醇（pyridoxin，V_{B_6}）、烟酸（nicotinic acid，V_{pp}）、生物素（biotin，V_H）、泛酸钙（Ca-pantothenate）、叶酸（folic acid）、维生素C等。

（4）肌醇在糖类的相互转化、维生素和激素的利用等方面具有促进作用，并能刺激细胞生长。

（5）腺嘌呤是合成细胞分裂素的前体物质之一。添加腺嘌呤能促进细胞合成分裂素，有利于细胞的分裂和分化，促进芽的形成。

3.1.3.3 调节物质

植物激素（phytohormone）是自然状态下产生的、对生长发育有显著作用的微量有机物。植物激素包括：生长素、细胞分裂素、赤霉素、乙烯和生长抑制素等。

植物激素普遍存在双重性，只有浓度适宜才可以发挥生物学效应，过低起不到作用，过高则会产生抑制。细胞分裂素和生长素通常一起使用，使用量为0.1～10mg/L。激素对植物生长发育的调控是通过复杂的信号转导途径实现的。不同的激素一般具有不同的受体，调控细胞生长和分化的途径可能存在很大差异。

1）生长素

生长素（auxin）是一类含有一个不饱和芳香环和一个乙酸侧链的内源激素。生长素是第一个被发现的植物激素。生长素中最重要的化学物质为3-吲哚乙酸。植物体内的生长素是由色氨酸通过一系列中间产物形成的，主要是通过吲哚乙醛产生。生长素主要在幼嫩叶片和顶端分生组织中合成，自上而下地向基部积累。根部也能产生生长素，自下而上运输。

（1）在细胞水平上，生长素可刺激形成层细胞分裂；刺激枝细胞伸长，抑制根细胞生长；促进木质部、韧皮部细胞分化，促进插条发根。

（2）在器官和整株水平上，生长素从幼苗到果实成熟过程中都起作用。在植物组织培养中，生长素主要用来刺激细胞分裂和诱导根的分化。常用的生长素有：吲哚乙酸（IAA）、2，4-二氯苯氧乙酸（2，4-D）、萘乙酸（NAA）、吲哚丁酸（IBA）等。

2）细胞分裂素

细胞分裂素（cytokinin）是一类促进细胞分裂、诱导芽的形成并促进其生长的激素。自然状态下，分裂素主要在根中形成，茎端、萌发中的种子、发育中的果实也能合成分裂素。

细胞分裂素的生理作用主要是引起细胞分裂，诱导芽的形成和促进芽的生长。当细胞分裂素与生长素的浓度比值高时，可诱导芽的形成；反之则促进生根。例如，对腋芽局部施用细胞分裂素，可以解除顶端对腋芽的抑制。常用的分裂素有：6-苄氨基嘌呤（BA）、6-呋喃氨基嘌呤、玉米素［6-（4-羟基-3-甲基-反式-2-丁烯基氨基）嘌呤］等。

3）赤霉素

赤霉素（gibberellin，GA）因提取自赤霉菌而得名，是一种广泛存在于植物体内的激素。1938 年日本薮田贞治郎和住木谕介从赤霉菌培养基的滤液中分离出这种活性物质，并鉴定了其化学结构，将其命名为赤霉酸。赤霉素是一种高效的植物生长调节剂，能促进种子发芽、植物生长和提早开花。对作物而言，赤霉素能促进其生长发育，提早成熟，改进品质，提高产量。

3.1.3.4 常用培养基

1934 年，怀特（White）为番茄根尖培养设计了 White 培养基，并于 1963 年进行了改良。此后，许多培养基陆续被开发出来，如 B5 培养基（1968 年）、Nitsch 培养基（1969 年）、N6 培养基（1974 年）。

根据培养基的组成可以将其分为以下四类。

（1）富盐平衡培养基。代表性培养基有 MS 培养基、LS 培养基、BL 培养基、BM 培养基、ER 培养基等。特点是：无机盐浓度高，微量元素种类齐全、浓度高；元素间比例适当，离子平衡性好，具有较强的缓冲能力，稳定性好，营养丰富，一般培养时无须再加入有机成分。

（2）高硝态氮培养基。代表性培养基有 B5 培养基、N6 培养基、SH 培养基等。特点是：硝酸钾浓度高，氨态氮浓度低，含有较高浓度的硫胺素（V_{B_1}）。

（3）中盐培养基。代表性培养基有 Nitsch 培养基、Miller 培养基、Blaydes 培养基等。大多是在 MS 培养基基础上进行改良设计而成。特点是：大量元素无机盐为 MS 培养基的一半，微量元素种类减少，但含量增高。维生素种类比 MS 培养基增多，如增加了生物素、叶酸等。

（4）低盐培养基。代表性培养基有 White 培养基、WS 培养基、HE 培养基、HB 培养基等。特点是：无机盐、有机成分浓度低，多用作生根培养的培养基。

3.1.4 植物组织培养问题分析

3.1.4.1 试管苗玻璃化现象

玻璃化（vitrification）是指组织培养过程中特有的一种生理失调或生理病变，试管苗呈半透明状、外观形态异常的现象，又称过度水化现象。玻璃苗由于组织结构和生理功能异常，分化能力低，难以增殖成芽，也难以生根成苗，移栽大田更难成活。

玻璃化现象主要是适应性的生理问题，是不能很好适应培养基和培养环境的结果。可以采取的防治措施如下。

（1）适当提高光照强度，有助于避免玻璃化。

（2）降低培养容器内的空气相对湿度和改善氧气供应状况。

（3）适当降低培养基中 NH_4^+浓度。

（4）注意细胞分裂素和生长素的比例，以及激素和 K^+的比例。

（5）适当进行低温处理，利于消除玻璃化。

3.1.4.2　褐变问题

褐变（browning）可分为酶促褐变和非酶促褐变。酶促褐变是由酚酶催化酚类物质形成醌及其聚合物的结果。正常条件下，多酚类物质分布在细胞的液泡内，酚酶分布在各种质体（植物细胞中由两层膜包裹的一类细胞器的总称）或细胞质内，这种区域性分布使底物多酚类物质与酚酶被细胞膜分隔开来。当外殖体处于机械损伤等逆境时，细胞膜结构遭到破坏，酚酶催化多酚类化合物发生氧化形成棕褐色的醌类物质和水；醌类物质经过非酶促聚合形成黑褐色物质（羟基醌与黑色素等），引起褐变发生。

以下途径可以防止或者缓解褐变的发生。

1）选择合适的外植体与处理方法

处于生长旺盛时期的材料，具有较强的分裂能力，其褐变程度低，是植物组织培养之首选。此外，外植体受伤害程度直接影响褐变，切割时应尽可能减小伤口面积，并缩短切口在空气中的暴露时间。

2）选择适宜的培养条件

注意选择培养基的类型与组成（如无机盐和蔗糖浓度、激素水平及组合等）、适宜的温度与 pH。使用液体静态培养和固体培养交替进行利于减轻褐变。

3）细胞筛选和材料预处理

在组织培养过程中经常进行细胞筛选，可剔除易褐变的细胞；将易褐变的外植体材料放在黑暗条件下培养一段时间也可以减轻褐变。

4）使用抑制剂

在培养基中加入抗氧化剂可以一定程度地抑制外植体的酶促褐变。

5）使用吸附剂

在培养基中加入吸附剂可以减轻褐变。例如，聚乙烯吡咯烷酮（polyvinylpyrrolidone，PVP）是酚类物质的专一吸附剂，常用作酚类物质的保护剂来防止褐变；也可以使用少量活性炭。

3.1.4.3　微生物污染问题

植物组织培养过程中经常发生微生物污染。造成污染的病原菌主要包括外部污染菌和内源菌。外植体带菌引起的污染与外植体的种类、取材季节和部位、预处理及消毒方法等密切相关。应该严格按照无菌操作，取材时选择嫩梢、新芽或胚等作为外植体材料，并对外植体进行彻底消毒。针对内源菌污染可以采取以下防治措施。

（1）改进外植体消毒方法。结合常规的消毒方法，采用间隙消毒法。经过一般的消毒过程后，把外植体放在不含激素和维生素的培养基中培养一段时间后取出，再消毒。

（2）反复检查培养物。在初代培养成功后再检查有无污染。

（3）使用适当种类和浓度的抗生素。

3.1.4.4 其他问题

（1）目前还有许多植物的组织培养没有成功。例如，被子植物组织培养成功的比较多，而裸子植物组织培养成功的比较少，主要原因是裸子植物脱分化比较困难。许多珍稀、濒危的植物或者极具开发价值的植物目前还不能采用植物组织培养技术进行人工繁殖。

（2）在种苗工厂化生产过程中，最突出的问题是成本较高。

3.2 植物胚胎培养

植物胚胎培养（plant embryo culture）是指对植物的胚及胚器官（如子房、胚珠）进行人工离体无菌培养，使其发育成幼苗的技术。

3.2.1 成熟胚培养

成熟胚培养（mature embryo culture）一般是指子叶期至发育成熟的胚的培养。成熟胚培养属于自养型，只需简单的含无机盐和糖类的培养基。一般流程：将受精后成熟或未成熟的种子或果实，用 70% 乙醇溶液进行表面消毒，然后用 0.1% 升汞（$HgCl_2$）溶液或饱和漂白粉溶液消毒 10min，再用无菌水反复冲洗。在无菌操作台上，直接或在解剖镜下剥取成熟胚接种在培养基上培养。

3.2.2 幼胚培养

幼胚培养（immature embryo culture）是指早期原胚、球形期胚、心形期胚、鱼雷期胚的培养。

幼胚完全是异养的。在自然条件下，幼胚生长发育依赖胚乳提供营养；离体条件下，幼胚培养的培养基成分复杂，培养比较困难。幼胚培养在具体做法上与成熟胚培养基本相同，但是幼胚剥离必须在高倍解剖镜下进行，操作难度较大。

3.2.3 胚乳培养

胚乳培养（endosperm culture）是指处于细胞期的胚乳组织的离体培养。胚乳是独特的组织，其功能是为胚发育和种子萌发提供营养。

取带胚乳细胞的种子（或果实），进行表面消毒后，无菌条件下剥离胚乳组织进行接种培养。成熟胚乳培养和未成熟胚乳培养可诱导产生愈伤组织或直接进行器官分化。愈伤组织一般由胚乳表层细胞分裂产生。胚乳培养分化茎芽必须使用外源细胞分裂素。胚乳培养再生植株也可通过愈伤组织产生胚状体的途径。胚乳培养再生的植株不一定保持原来的倍性。

3.2.4 胚珠培养和子房培养

胚珠培养（ovule culture）是指未受精或受精后的胚珠的离体培养。未受精胚珠培养可为离体受精提供雌配子体，也可诱发大孢子发育成单倍体植株。

子房培养（ovary culture）是指授粉和未授粉的子房的离体培养。

通过已授粉胚珠和子房培养，可对合子及早期原胚离体培养过程进行研究，并使早期原胚发育成苗。从花蕾中取出子房，表面消毒后在无菌条件下剥取胚珠。受精后子房仍需进行表面消毒后再接种。未受精子房可将花被表面消毒后，在无菌条件下直接剥取子房接种。培养基常用 Nitsch 培养基、MS 培养基、N6 培养基、B5 培养基等，添加 IAA、IBA，2，4-D 等激素、糖类和维生素。

复 习 题

1．分析比较器官发生途径与体细胞胚发生途径再生植物的特点。
2．举例说明植物组织培养再生植物的应用。

扩展学习资料

陈菁瑛，陈熹，陈景辉．1998．植物组织培养研究与应用中的若干问题与对策．福建果树，(2)：37-38，56

申晓辉，蒋湘宁．2005．红松体细胞胚胎培养技术体系的建立．成都大学学报，24（1）：11-14

王文静，袁道强，高松洁．2000．植物组织培养的应用现状．河南师范大学学报：自然科学版，28（3）：137-139

Canter PH, Thomas H, Ernst E, et al. 2005. Bringing medicinal plants into cultivation:

opportunities and challenges for biotechnology. Trends in Biotechnology, 23: 180-185

Moshelion M, Altman A. 2015. Current challenges and future perspectives of plant and agricultural biotechnology. Trends in Biotechnology, 33: 337-342

Vasil IK. 2008. A history of plant biotechnology: from the cell theory of Schleiden and Schwann to biotech crops. Plant Cell Reports, 27: 1423-1440

附表 3.1　植物组织与细胞培养常用的培养基（mg/L）

成分	MS 培养基	B5 培养基	Nitsch 培养基	White 培养基
大量元素				
$MgSO_4 \cdot 7H_2O$	370	250	125	720
KH_2PO_4	170	—	125	—
KNO_3	1 900	2 500	125	80
NH_4NO_3	1 650	—	—	—
$CaCl_2 \cdot 2H_2O$	440	150	—	—
$CaCl_2$	—	—	25	—
$NaH_2PO_4 \cdot H_2O$	—	150	250	16.5
$(NH_4)_2SO_4$	—	134	—	—
$Ca(NO_3)_2 \cdot 4H_2O$	—	—	500	300
Na_2SO_4	—	—	—	200
KCl	—	—	—	65
微量元素				
H_3BO_3	6.2	3	0.5	1.5
$MnSO_4 \cdot H_2O$	—	10	—	—
$MnSO_4 \cdot 4H_2O$	22.3	—	3	7
$ZnSO_4 \cdot 7H_2O$	8.6	2	0.5	3
$NaMoO_4 \cdot 2H_2O$	0.25	0.25	0.025	—
$CuSO_4 \cdot 5H_2O$	0.025	0.025	0.025	—
$CoCl_2 \cdot 6H_2O$	0.025	0.025	0.03	—
KI	0.83	0.75	—	0.75
$FeSO_4 \cdot 7H_2O$	27.8	—	—	—
$Fe_2(SO_4)_3$	—	—	—	2.5
EDTA 钠盐	37.3	—	—	—
EDTA 钠铁盐	—	43	—	—
柠檬酸铁	—	—	10	—

续表

成分	MS 培养基	B5 培养基	Nitsch 培养基	White 培养基
维生素				
硫胺素（V_{B_1}）	0.1	1	—	0.1
吡哆醇（V_{B_6}）	0.5	1	—	0.1
烟酸	0.5	1	1.25	0.5
氨基酸				
甘氨酸	2.0	—	—	3
半胱氨酸	—	10	—	1
其他				
肌醇	100	100	—	—
蔗糖	30 000	20 000	20 000	20 000
生物素	—	—	0.05	—
pH	5.8	5.5	5.5	5.5

第4章 人工种子与植物脱毒

4.1 人 工 种 子

人工种子（artificial seed）又称合成种子（synthetic seed）或体细胞种子（somatic seed），是指将植物离体培养的胚状体或芽包裹在含有营养成分并有保护功能的人工胚乳（artificial endosperm）和人工种皮（artificial seed coat）中的类似种子的颗粒。

人工种子与天然种子具有类似的结构：①人工种皮外层，保护胚状体中的水分免于丧失和防止外部力量冲击；②人工胚乳，含有必需的营养成分和某些植物激素；③胚状体或芽。

1978 年，美国生物学家缪拉西吉（Murashige）在第四届国际植物组织和细胞培养会议上首次提出“人工种子”的设想。1980 年，用聚氧乙烯包裹胡萝卜、柑橘等胚状体的人工种子问世。

人工种子具有以下优点。

（1）便于运输和储藏。

（2）利于快速繁殖，生产效率高。

（3）人工胚乳可根据不同植物的要求配制，加入植物激素、有益微生物或抗病成分、抗虫成分，使人工种子优越于天然种子。

（4）可固定杂种优势，保存珍贵稀有植物品种。

4.1.1 人工种子的制作

4.1.1.1 胚状体同步发育

高质量的胚状体是大量制备人工种子的基础。控制胚状体的同步发育是人工种子制备的关键环节之一，主要方法如下。

（1）抑制剂法：在细胞培养初期加入细胞分裂抑制剂，去除抑制剂后细胞可以同步发育。

（2）低温法：低温处理抑制细胞分裂，再恢复正常温度使细胞分裂同步化。

（3）渗透压法：不同发育时期的胚状体对渗透压的要求不同，用一定的渗透压使胚状体发育停止在某一阶段，然后再使其同步发育。

（4）通气法：细胞分裂旺盛时有大量气体（如乙烯等）生成，可以通过在培养基中通入乙烯或氮气控制细胞同步分裂。

（5）分离筛选法：用不同孔径的筛网将不同发育时期的胚状体分离，也可以采用密度梯度离心法来选择不同大小的胚状体。

4.1.1.2　人工种皮制作

人工种皮起着保护胚状体的作用，需具有无毒、良好的通气性、抗污染、适合运输等特点。最早采用的材料是聚氧乙烯，但其有一定毒性、易溶于水。目前较多采用海藻酸盐，其具有成胶容易、操作条件温和、使用方便、毒性低、成本低廉等优点，但是也存在一些缺点，如水分易流失、表面易结团等。开发理想的人工种皮材料仍是一个重要课题。

4.1.1.3　人工胚乳配制

人工胚乳主要包括无机盐、碳水化合物、蛋白质等，为胚胎发育提供营养保证。由于碳水化合物等物质易导致微生物污染，所以要加入防腐剂、抗生素、农药等成分。

4.1.1.4　包埋

包埋是人工种子制作的一个重要环节，主要有以下两种方法。

（1）干燥法：将胚状体置于 23℃、相对湿度 70% 左右、黑暗条件下逐渐干燥，然后用聚氧乙烯等种皮材料包埋。

（2）水凝胶法：利用海藻酸钠等水溶性凝胶与 Ca^{2+} 进行离子交换后凝固的特点包埋单个胚状体或芽。种子硬度由凝胶浓度与络合时间控制。

4.1.2　人工种子的储存

人工种子一般储存在 4～7℃低温、相对湿度小于 67% 的条件下。采用添加防腐剂、抗生素或控制糖含量或种皮外包裹滑石粉、液体石蜡等措施，可以延长储存时间，保证种子质量。

4.2　植 物 脱 毒

植物脱毒（virus elimination）是利用物理、化学或生物学方法脱除植物所感染的病毒，在无菌条件下培养不带病毒的植株，进行快速繁育无病毒种苗的技术。

很多无性繁殖的作物和花卉带有病毒，如马铃薯、甘草、草莓、大蒜等经济作物，以及康乃馨、菊花、郁金香、水仙、百合、鸢尾等花卉。病毒积累会影响花卉的观赏效果以及经济作物的质量与产量，因此需要进行脱毒。

4.2.1 植物脱毒方法

4.2.1.1 物理方法

1）高温处理

高温处理又称热疗法。一些病毒对热不稳定，在高于常温的温度（35～40℃）下易失活，繁殖力下降，失去侵染能力。高温处理一般有温汤处理、热风处理两种方式。

（1）温汤处理：将材料浸于50℃左右热水中数分钟至几小时，可使病毒失活。优点是简便易行，适于离体材料和休眠器官的处理，缺点是易伤害材料。

（2）热风处理：将盆栽植物移入室内或生长箱中，以35～40℃温度处理几十分钟至数天。

高温处理仅对一些球形病毒（如葡萄扇叶病毒、苹果花叶病毒）或者线状病毒（如马铃薯X病毒、马铃薯Y病毒、康乃馨病毒）有效，对杆状病毒效果不好。同时，高温处理容易使植物材料受热枯死，造成损失。

2）低温处理

低温处理又称冷疗法，降低温度能使病毒活力下降。

4.2.1.2 化学方法

利用化学药品处理患病植物可以抑制植物体内病毒的复制。常用的化学药品有放线菌酮、三氯唑核苷、孔雀绿、硫脲嘧啶、8-氮鸟嘌呤等。一些化学物质虽可抑制病毒复制，但不能使病毒失活，并且对植物有毒害，一定程度上限制了该方法的应用。

4.2.1.3 生物学方法

病毒不会侵染植物的每一个部位，因此选择不带病毒的外植体进行组织培养再生植株就可以达到去病毒的目的。一般情况下，老叶和成熟组织及器官中病毒含量较高，幼嫩和未成熟的组织及器官中病毒含量较低。因为分生组织细胞分裂和生长速度快，而病毒在植物体细胞内繁殖速度相对较慢，所以在根尖、茎尖生长点区域几乎不含病毒。此外，病毒是通过维管组织或胞间连丝传播至其他组织细胞，而茎尖分生组织没有维管组织，所以该区域病毒数量也少。

1）茎尖培养

茎尖培养是有效的植物脱毒方法，具有周期短、效率高的特点。切取茎尖的大小与脱毒效果相关，虽然茎尖越小，病毒含量越低，但其营养、水分含量也低，对培养基要求越高，剥离技术要求也越高。所以茎尖通常取材0.2～0.5mm。茎尖培养结合高温处理的脱毒效果会进一步提高。

2）微体嫁接法

将极小的茎尖（0.14～1.0mm）嫁接到不带病毒的种子实生苗砧木上也可得到无病毒苗。适用于茎尖培养脱毒生根困难、不能形成完整植株的植物，如柑橘、桃、苹果等。木本植物茎尖培养难以生根形成植株，可以采用微体嫁接法培育无毒苗。茎尖来源包括成年无病毒植株的茎尖、热处理或温室培养植株的茎尖以及脱毒试管苗茎尖等。

3）愈伤组织诱导脱毒

由无病毒细胞产生的愈伤组织可以获得无病毒苗。有些愈伤组织细胞病毒浓度较低，在愈伤组织细胞快速分裂过程中，病毒的复制能力衰退或丢失，由此也可获得无病毒苗。

4）珠心胚培养法

珠心胚由珠心组织细胞分化形成，具有和母体相同的遗传特性。通过珠心胚培养可以获得无病毒的再生植株，同时又保存了母株的遗传特性。但是该法缺点是苗期较长、变异率较高。

5）花药培养脱毒

花药培养获得单倍体植株，再通过染色体加倍可获得无病毒植株。

4.2.2 脱毒植物鉴定

脱毒植物必须经过严格的病毒检测，证实其确实无毒又具备优良性状后才能作为种苗。常用的检测方法如下。

1）直接检测法

直接观察植株茎、叶等器官有无病毒引起的症状。

2）指示植物法

采用对某种病毒反应敏感、症状明显的植物来检测病毒。具体方法有摩擦接种法和嫁接法。

（1）摩擦接种法：取待测植株叶片，处理得到汁液后与金刚砂混合，然后轻轻摩擦指示植物叶片，汁液侵入指示植物叶片的表皮细胞而不损伤叶片，冲洗后培养数天，观察有无病毒感染症状，以此判断待测植株是否带有病毒。

（2）嫁接法：木本多年生果树或草莓等无性繁殖的草本植物的病毒不是通过

汁液传播，其病毒检测可以采用嫁接法。将被鉴定植株的芽嫁接指示植物砧木，根据指示植物有无病毒感染症状来判断待测植株有无病毒。

3）电子显微镜法

制作超薄切片，然后采用电子显微镜观察样品材料有无病毒存在。

4）抗血清检测法

病毒携带抗原，注射进动物体内会在血清中产生抗体得到抗血清。不同病毒产生的抗血清具有高度的特异性和专一性。因此，可以用已知病毒的抗血清与样品是否发生血清反应来鉴定是否有病毒。

5）分子检测技术

利用已知病毒的核苷酸序列设计引物，采用 PCR 技术体外扩增病毒基因片段，或者通过探针杂交、序列测定分析等分子技术进行检测。

复 习 题

1．查阅文献，以一个例子分析人工种子制作的技术流程与应用。

2．查阅文献，以一个例子说明脱毒技术在植物繁育中的应用。

扩展学习资料

程力辉，漆燕玲，李玉萍．2009．半夏人工种子种皮基质配比对萌发率的影响．安徽农业科学，37（14）：6433-6434，6482

丁文雅．2009．植物组织培养脱毒技术与检测方法．农业科技通讯，（3）：75-77

李晋华，赵德刚，赵懿琛．2018．小黄姜人工种子技术探索．分子植物育种，16（24）：8148-8154

刘艳妮，佘奎军．2014．百合脱毒技术研究进展．宁夏农林科技，55（8）：10-11，15

张大栋，吉晓佳，杨永华．2004．植物脱毒技术及其在现代农业中的应用．科技与经济，17（4）：62-64

张铭，黄华荣，魏小勇．2002．植物人工种子研究进展．植物学通报，17（5）：407-412

第 5 章 原生质体培养与变异

5.1 原生质体培养

原生质体（protoplast）是去除细胞壁后裸露的球形细胞。

原生质体具有以下特征。

（1）无细胞壁障碍，能摄取 DNA、质粒、病毒、细菌、细胞器等外源物质，是植物细胞进行遗传操作、诱变育种的良好材料。

（2）对于植物，适合作为材料进行细胞融合形成杂种细胞，克服不同种细胞间的不亲和障碍，培育新品种。

（3）具有全能性，可再生细胞壁并发育成完整植株。

5.1.1 原生质体的分离纯化

5.1.1.1 原生质体的分离

1960 年，英国诺丁汉大学的科金（Cocking）第一次采用酶解法从番茄幼苗根尖中成功地大量制备出原生质体，从而建立了酶解法大量获得原生质体的技术。

酶解法具有条件温和，原生质体完整性好、活力高、得率高等优点。经常采用的酶包括琼脂酶、果胶酶、蜗牛酶、纤维素酶等，需要根据不同的细胞来源选择合适的酶。

酶解法大量制备原生质体一般包括取材消毒、酶解制备、原生质体收集三个环节。

5.1.1.2 原生质体的纯化

原生质体酶解结束后，首先要将原生质体与细胞碎片及酶液分离，然后经过洗涤再进行培养。如果所得原生质体用于细胞融合，还需要进一步纯化。具体的纯化方法有以下几种。

1）过滤-离心法

多采用 40～100μm 的网筛过滤除去未消化的细胞、细胞团、细胞碎片，在适当溶剂内低速离心使原生质体沉于离心管底部，细胞碎片留在上清液中，反复

3～4次，收集得到原生质体。

2）漂浮法

原生质体密度较小，能在具有一定渗透压的溶液（如25%的蔗糖溶液）中漂浮，然后用吸管收集。此种方法优点是制备的原生质体纯净，缺点是原生质体丢失较多。

3）过滤-离心法和漂浮法结合

将原生质体酶解液低速离心，倾去上清液；将沉降得到的原生质体重新悬浮于纯化液中离心，吸取表面的原生质体。再将原生质体重新悬浮于洗涤液中，离心，收集沉于底部的原生质体。根据需要，可重复两次以上操作进一步纯化原生质体。

5.1.2 原生质体的鉴定与活力测定

5.1.2.1 原生质体的鉴定

经分离、纯化后的原生质体需要进行鉴定，鉴定方法主要有下面两种。

1）低渗爆破法

把原生质体放入低渗溶液中，在显微镜下观察原生质体从低渗溶液中吸水胀破的过程。如果是真正的原生质体，因为没有细胞壁，胀破后留下的残迹应该是无形的。如果原生质体还带有部分细胞壁，则原生质体胀破留下的残迹仍保持半圆形的细胞壁。

2）荧光染色法

将原生质体放入离心管中，加入0.01%荧光增白剂（用0.3mol/L甘露醇配制）染色5～10min，离心，洗涤除去多余的染料。在荧光显微镜下用366nm波长的紫外光照射时，细胞壁发出黄绿色荧光。若观察到黄绿色荧光，则表示细胞壁没有完全去除。

5.1.2.2 原生质体的活力测定

1）染色法

（1）二乙酸荧光素（FDA）法：二乙酸荧光素本来没有荧光，当其进入细胞后被酯酶分解为具有荧光的物质，其不能透过细胞膜，而是留在细胞内发出荧光。能发出荧光的是具有活性的原生质体，不能发出荧光的为死亡的原生质体。

（2）酚藏花红染色法：取一滴原生质体悬液置载玻片上，加一滴0.1%酚藏花红溶液，具有活性的原生质体均不着色，而死亡的原生质体立即着染成红色。

（3）伊文思蓝染色法：有活力的原生质体不吸收染料（浓度为0.25%），为无色，而没有活力的原生质体吸收染料，显示蓝色。

2）胞质环流法

在显微镜下观察原生质体是否存在胞质环流来判断原生质体的活力。有胞质环流的原生质体有活力。

3）渗透压法

将原生质体放入渗透压较低的溶液中，其体积会膨胀；放进高渗溶液中，其体积会缩小，这样的原生质体是有活力的原生质体，而体积不变的是已经死亡的原生质体。

4）氧电极法

有活力的原生质体在光照下会进行光合作用而放出氧气，在没有光照的条件下进行呼吸而耗氧。因此，可以采用氧电极测定氧的变化来判定原生质体是否具有活力。

5.1.3　原生质体培养与植株再生

将纯化后的原生质体悬浮于液体培养基中培养。原生质体的起始密度为 10^4～10^6/mL，如果采用的是看护培养等特殊方法，密度可降低。

刚刚从酶液中分离出来的原生质体一般要用高渗透压的培养液。在一定时间内逐渐将高渗透压的培养液换至正常渗透压的培养液。

经原生质体培养的植株再生一般经过细胞壁再生、细胞分裂成细胞团、愈伤组织（或胚状体）形成、植株再生这几个过程。

1）细胞壁再生

原生质体在合适的培养基上培养后，其体积开始膨胀，叶绿体重新排列，在短时期内开始合成新的细胞壁，进而由球形变成椭圆形。

2）细胞分裂成细胞团

一般在培养 2～3d 后细胞质增加，细胞器也开始增殖，RNA、蛋白质等的合成增加，不久便开始第一次分裂。不同植物的分裂时间不同。为了使原生质体再生的细胞能持续地分裂下去，应该及时更换培养液，以适应不断长大和增多的细胞对营养的需求。

3）愈伤组织（或胚状体）形成

细胞不断分裂形成小的细胞团，并进一步形成愈伤组织，有些分化形成胚状体。

4）植株再生

与植物组织培养再生植株类似，原生质体再生植株也是通过器官发生和胚状体发生两条途径。

5.2 原生质体变异

5.2.1 自发变异

原生质体在离体培养条件下非常容易受到外界因素影响而发生自发遗传性状改变，主要表现在染色体数目和结构上的变异与基因突变，导致由原生质体再生的植株在形态特征或性状上不同于母体植株，包括生长习性、抗病性、发育特性等。因此，通过植物原生质体自发变异可以获得可供选择的变异群体，在很短时间内完成突变体的筛选，从而进行植物遗传改良。

5.2.2 诱导变异

采用人工诱变剂对离体培养的原生质体进行处理，再生植株后，从中筛选正突变体，可以得到遗传性状改良的植株。常用的人工诱变剂如下。

（1）物理诱变剂：包括 X 射线、γ 射线、β 射线和中子等。按照突变频率大小，一般顺序为中子＞γ 射线（或 X 射线）＞β 射线。近年来，激光、离子束、电子束、微波等诱变剂也开始在植物原生质体育种中应用。

（2）化学诱变剂：主要有 5-溴（氟）尿嘧啶、2-氨基嘌呤、亚硝基胍、甲基磺酸乙酯，以及羟胺、亚硝酸等。

复 习 题

1. 为什么原生质体培养时一定要注意选择合适的渗透压？
2. 查阅文献，以一例说明原生质体诱变在植物育种中的应用。

扩展学习资料

常胜合，孙威，许桂莺，等．2018．植物原生质体分离方法及其应用研究进展．分子植物育种，16（4）：1271-1277

陈越，王玲仙，付坚，等．2019．云南疣粒野生稻原生质体高效分离培养体系的建立．西南农业学报，32（10）：2265-2272

张钟仁，陈鹏．2016．苦荞叶肉细胞原生质体的分离纯化及瞬时转化．西北植物学报，36（1）：183-189

第6章 细胞融合与体细胞杂交

6.1 细胞融合

细胞融合（cell fusion）是指使用人工方法使两个或两个以上的细胞合并形成一个细胞的技术。

同核体（homokaryon）是基因型相同的细胞融合成的融合细胞。

异核体（heterokaryon）是来自不同基因型的融合细胞。

从融合效果看，细胞融合包括以下两种。

（1）**对称融合**（symmetric fusion）：两个完整的细胞间的融合。

（2）**不对称融合**（asymmetric fusion）：利用物理或化学方法使某亲本的细胞核或细胞质失活后再与另外一个完整的细胞进行融合。不对称融合的后代一般都是非整倍体。

细胞融合有以下几个主要步骤（图6.1）：①两个原生质体或细胞互相靠近；②细胞膜融合，形成细胞桥；③细胞质渗透；④细胞核融合。

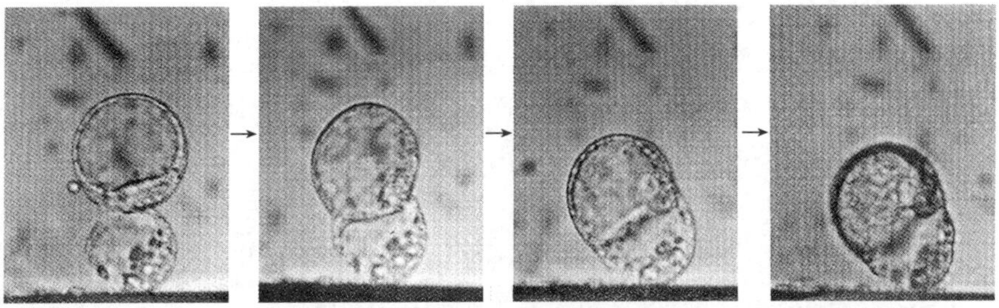

图6.1　显微镜下的细胞融合过程（韩贻仁，2001）

细胞桥的形成是细胞融合关键的一步（图6.2）。细胞膜和细胞质融合后是细胞核的融合。只有细胞核发生了融合，多核细胞才能存活下去。含有多个核的异核细胞合并后形成的单核细胞称为合核细胞。

细胞核的融合发生在有丝分裂过程中。两个核同时进行有丝分裂，形成一个纺锤体，全部染色体都排列在一个赤道板上，伴随着细胞分裂形成两个单核的子细胞，其细胞核中含有双亲细胞的染色体。不能形成单核细胞的融合细胞会逐渐死亡。

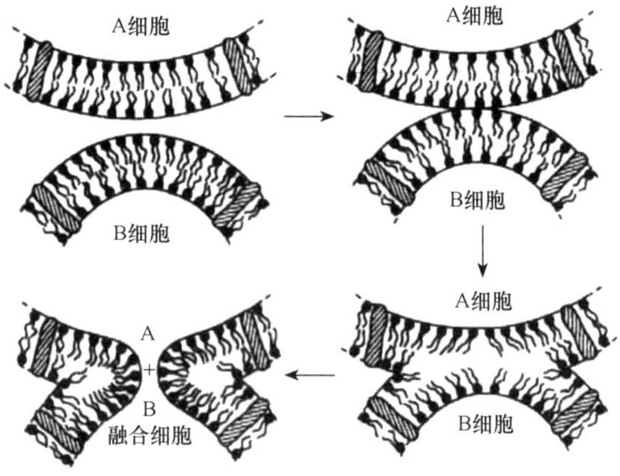

图 6.2 细胞融合过程中细胞桥的形成（韩贻仁，2001）

融合细胞若是没发生细胞核的融合，仅发生了细胞质的融合，可能成为嵌合细胞。嵌合细胞具有向两个母本细胞方向发育的能力，最终形成嵌合植株。

6.1.1 生物法

1962 年，冈田善雄发现仙台病毒（Sendai virus）能引起艾氏腹水瘤细胞成多核细胞。仙台病毒也称日本血凝病毒（HVJ），属黏病毒副流感类群，是 RNA 病毒。能诱导细胞融合的病毒有仙台病毒、疱疹病毒、牛痘病毒和副黏液病毒等，其中仙台病毒最为常用。

由于病毒会与宿主细胞膜直接融合，同时进入两个细胞，这样就会打破两个细胞膜的隔阂，引发细胞质的交流，进而达到细胞融合的目的。可以用紫外线照射仙台病毒破坏其核酸使其失去感染能力再用于细胞融合。

病毒诱导细胞融合的基本步骤如下。

（1）病毒颗粒附着在细胞膜上起搭桥作用，使细胞聚集在一起。

（2）病毒使两个细胞膜间互相渗透，细胞质互相融合。

（3）两个细胞核合并形成融合细胞，再生细胞壁。

（4）筛选融合细胞。

由于要提前大量培养病毒，灭活后才能作为融合剂使用，操作烦琐。一旦灭活不充分，病毒还可能感染操作者与亲本细胞。因此，目前已经较少使用病毒诱导法进行细胞融合。

6.1.2 化学法

20 世纪 70 年代初，加拿大华裔科学家高国楠发现聚乙二醇（polyethylene

glycol, PEG）能促使植物原生质体融合。可以采用的细胞融合化学诱导剂包括：$NaNO_3$、高 pH 的高浓度 Ca^{2+}、PEG、溶菌酶、明胶、抗体、植物凝血素、伴刀豆球蛋白 A、聚乙烯醇等。

1）$NaNO_3$ 诱导融合

1909 年，凯斯特（Kuster）发现洋葱表皮细胞原生质体在 $NaNO_3$ 溶液中发生细胞融合。1972 年，卡尔森（Carlson）利用 $NaNO_3$ 诱导融合了粉蓝烟草和郎氏烟草原生质体，培育出世界第一株体细胞杂种。诱导融合的原因可能是，$NaNO_3$ 的 Na^+ 中和了原生质体表面的负电荷，引起原生质体聚集，从而促进细胞融合。

2）高 pH 的高浓度 Ca^{2+} 诱导融合

1973 年，凯勒（Keller）和梅尔切斯（Melchers）发现强碱性（如 pH10.5）的高浓度 Ca^{2+} 溶液在 37℃下处理两个品系的烟草叶肉原生质体，可促使细胞融合，融合率达到 10%。可能原因是：Ca^{2+} 中和原生质体膜或细胞膜表面电荷，使彼此紧密接触；高 pH 能改变细胞膜的表面电荷，利于细胞融合。

3）聚乙二醇诱导融合

聚乙二醇（PEG）是一种多聚化合物。常用的 PEG 平均相对分子质量为 200～20 000，相对分子质量 1000 以下者为液体，1000 以上者为固体。1974 年，高国楠首次采用 PEG 对大麦与大豆、大豆与豌豆、大豆与烟草等的原生质体进行诱导融合，异种细胞融合率达到 10%～35%。

PEG 促细胞融合的可能机制如下。

（1）PEG 分子具有弱负极性，可以与具有正极性基团的水分子、蛋白质、碳水化合物形成氢键，在相邻的原生质体间起到分子桥的作用，使原生质体彼此紧密接触。当 PEG 分子被洗脱时，原生质体表面电荷发生紊乱而重新分配。此时，一种原生质体上带正电的基团可能与另外一种原生质体中带负电的基团相连，从而导致原生质体间的融合。

（2）PEG 还可以改变细胞膜的物理和化学性质，增加类脂膜的流动性，使原生质体的细胞核、细胞器发生融合成为可能，从而诱导细胞融合。

4）高 pH、高浓度 Ca^{2+} 的聚乙二醇诱导融合

在高 pH、高 Ca^{2+} 溶液的作用下，将与原生质体细胞膜结合的聚乙二醇（PEG）分子洗脱，会进一步加剧打破原生质体电荷平衡，从而提高融合率。因此，PEG 结合高 pH、高浓度 Ca^{2+} 方法成为一种较常用的细胞融合方法（图 6.3）。优点是融合成本低，不需特殊设备；产生的异核率较高；融合过程不受物种限制。缺点是融合过程烦琐，PEG 可能对细胞有毒害。

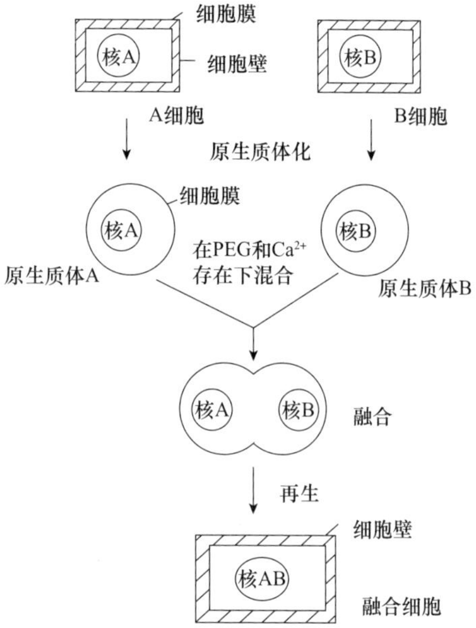

图 6.3　PEG 法诱导原生质体融合过程

6.1.3　物理法

电融合法（electrofusion）是指利用电场来诱导细胞彼此连接成串，再施加瞬间强脉冲，促使细胞膜发生可逆性电击穿诱发细胞融合的技术。1979 年，圣达（Senda）采用电刺激促使原生质体融合。1981 年，齐默曼（Zimmerman）利用可变电场诱导原生质体融合，建立了细胞电融合法。

与化学方法相比，电融合法具有融合效率高、操作简便、易于控制、重复性强、对细胞伤害小等优点。商业化的电融合仪得到广泛应用。

电融合的原理是：在直流电脉冲刺激下，细胞膜或原生质体细胞膜表面的电荷和氧化还原电位发生改变，促使异种细胞或原生质体黏合并发生细胞膜瞬间破裂，进而连接，直到闭合成完整的膜，最终形成融合细胞。

电融合一般经过聚集、细胞膜融合、异核体、融合细胞四个阶段。首先，将亲本细胞或原生质体混合均匀放入电融合仪的融合小室中，细胞或原生质体在电场作用下极化而产生偶极子，聚集并紧密排列成串珠状。细胞或原生质体成串排列后立即给予高频直流脉冲，细胞膜或原生质体细胞膜被击穿，从而导致两个紧密接触的细胞或原生质体发生融合。

脉冲电流间断刺激 1～5ms，细胞或原生质体在累计几秒到几十秒的时间内会发生暂时性的收缩，两膜之间形成小孔，连接成桥，细胞膜、细胞质先后融合，最后形成融合细胞。电融合的主要技术参数包括交流电压、交变电场的振幅频率、交变电场的处理时间、直流高频电压、脉冲宽度、脉冲次数等。电融合法如图 6.4 所示。

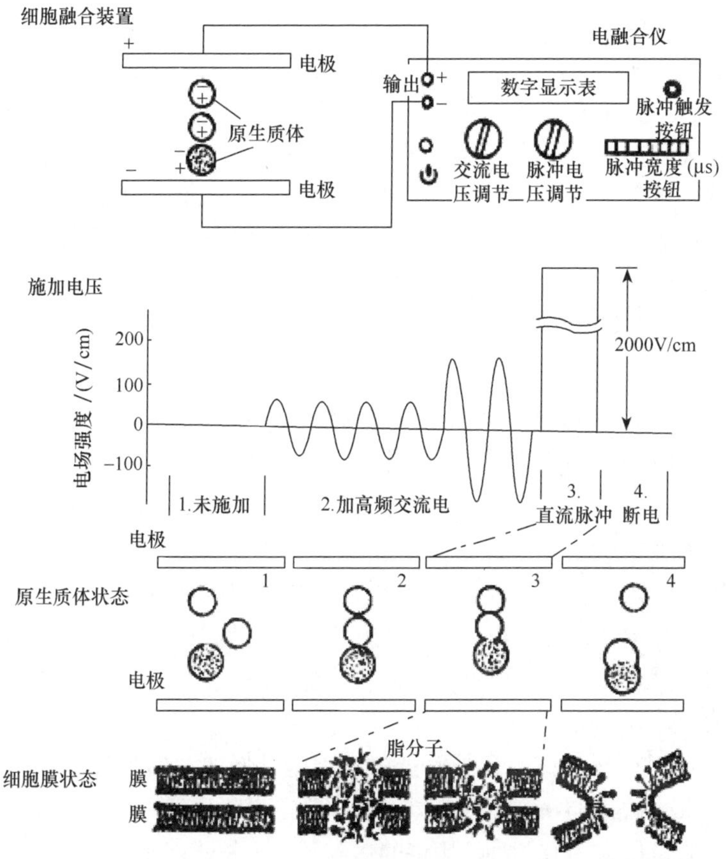

图 6.4　电融合法示意图

6.2　体细胞杂交

体细胞杂交（somatic hybridization）是指将不同来源的体细胞融合，并使之分化再生成新品种的技术。

植物体细胞杂交研究是从 20 世纪 60 年代大量制备原生质体的技术建立后才开始的。1972 年，美国科学家卡尔森（Carlson）培育出第一个体细胞杂种植物烟草。1978 年，德国科学家米歇尔斯（Melchers）首次将番茄与马铃薯细胞杂交成功。

自然条件下，亲缘关系较远的物种间杂交往往表现为杂交不亲和、不能受精或是胚胎早期败育。体细胞杂交可以避开生殖细胞的受精过程，从而在亲缘关系较远的物种间实现基因转移，创造出自然界中没有的新物种。

体细胞杂交还可以培育细胞质杂种。农作物的许多性状由细胞质控制，如细胞质雄性不育、除草剂抗性等，但是有性杂交中雄配子所携带的细胞质极少，难以产生细胞质杂种。在体细胞杂交中，双亲的细胞质都有一定的贡献，因此有可能通过细胞融合获得细胞核、叶绿体、线粒体基因组的不同组合，培育出新品种。

植物体细胞杂交一般经过亲本选择（考虑杂种细胞筛选标记）、原生质体制备、原生质体融合、融合细胞筛选、细胞壁再生、分裂形成细胞团、愈伤组织形成、再生杂种植株几个过程，其中融合细胞筛选与杂种植株鉴定是关键。

6.2.1 融合细胞筛选

细胞融合处理液中含有多种类型的细胞，如未融合的亲本细胞、同核体（同源细胞的融合体）、异核体（非同源细胞的融合体）、多核体（含有双亲不同比例核物质的融合体）、异胞质体（具有不同细胞质来源的杂合细胞）、核质体（有细胞核而带有少量异种细胞质）。因此，需要通过筛选除去不需要的细胞，分离出需要的融合细胞。

植物体细胞杂交一般在亲本选择时就要考虑到融合细胞的筛选，找到合适的筛选标记。融合细胞筛选一般有两大类方法，一类是根据遗传和生理生化特性的互补选择法，另一类是根据可见标记性状的选择法。具体方法如下。

1）抗药性筛选法

利用细胞对药物敏感性差异筛选融合细胞。例如，如果亲本 A 对氨苄青霉素敏感而对卡那霉素不敏感，亲本 B 对卡那霉素敏感而对氨苄青霉素不敏感，那么融合细胞可以在含有两种抗生素的培养基上生长，而亲本细胞会死亡。

2）营养互补筛选法

细胞在缺乏一种或几种营养成分时不能生长繁殖，此细胞即属于营养缺陷型细胞。利用两亲本细胞营养互补可以筛选融合细胞。例如，亲本 A 为色氨酸缺陷型，亲本 B 为苏氨酸缺陷型，融合细胞可以在不含色氨酸和苏氨酸的培养基上培养，而亲本细胞均会死亡。

3）物理特性筛选法

利用细胞在形态、大小、颜色上的差别，在倒置显微镜下用微管将融合细胞吸取挑选出来；也可以采用离心法分离融合细胞。

4）荧光标记法

对于形态、颜色上都不能区分的情况，可以采用不同的荧光染料（如发绿色荧光的异硫氰酸荧光素和发红色荧光的碱性蕊香红荧光素）分别标记两个亲本细胞，这样融合细胞内存在两种荧光标记，可以在荧光显微镜下挑选分离或用流式细胞仪分拣。

6.2.2　杂种植株鉴定

体细胞杂种植株鉴定常用的方法有：形态学鉴定、细胞学鉴定、同工酶鉴定和 DNA 分子标记鉴定等。

1）形态学鉴定

根据茎、叶、花等组织的形态、颜色来鉴别杂种。两亲本的亲缘关系较远时，杂种植株的形态倾向于亲本之一，但存在差异。

2）细胞学鉴定

原生质体融合的亲本材料一般为二倍体，融合细胞的染色体应该为双二倍体。如果亲本的亲缘关系较远，染色体差异会较大；同时，杂种细胞中一亲本的染色体可能会受到另外一亲本的排斥，可能会产生大量非整倍体。因此，可以根据杂种植株染色体数目鉴定是否是杂种植株。

3）同工酶鉴定

根据亲本和杂种植物同工酶（isoenzyme）谱的差异可以鉴别杂种植株。杂种植株的同工酶谱应是两亲本酶谱的总和，表现为条带增多、颜色加深、宽度加大，有时还出现两亲本都不具有的新谱带或者丢失部分亲本酶带。常用作分析的有乙醇脱氢酶、乳酸脱氢酶、过氧化物酶、酯酶、氨肽酶、核酮糖二磷酸羧化酶等。

4）DNA 分子标记鉴定

在分子水平对亲本和杂种植株遗传性状差异进行鉴定，能正确揭示出生物个体间核苷酸序列的差异。一些基因指纹技术，如随机扩增多态性 DNA（RAPD）、限制性片段长度多态性（RFLP）等，已经成功应用于杂种植株的鉴定。

复　习　题

1．分析如何借助新技术提高细胞融合效率。

2．查阅文献，以一例说明体细胞杂交在植物育种中的应用。

扩展学习资料

李玉珠．师尚礼．2015．紫花苜蓿与百脉根原生质体培养及不对称体细胞杂交．

核农学报，29（1）：40-48
王桂香，严红，曾兴莹，等．2011．花椰菜-黑芥体细胞杂交获得抗黑腐病异附加系新材料．园艺学报，38（10）：1901-1910
王义，杨晶，张颖，等．2009．人参原生质体的分离培养．吉林农业大学学报，31（3）：268-272
Guo W, Xiao S, Deng X, et al. 2013. Somatic cybrid production via protoplast fusion for citrus improvement. Scientia Horticulturae, 163: 20-26
Skelley AM, Kirak O, Suh H, et al. 2009. Microfluidic control of cell pairing and fusion. Nature Method, 6: 147-152
Xia G, Xiang F, Zhou A, et al. 2013. Asymmetric somatic hybridization between wheat (*Triticum aestivum* L.) and *Agropyron elongatum* (Host) Nevishi. Theoretical and Applied Genetics, 107: 299-305
Zhou A, Xia G, Chen X, et al. 2002. Production of somatic hybrid plants between two types of wheat protoplasts and the protoplasts of *Haynaldia villosa*. Bulletin of Botany, 44: 1004-1008

第7章 植物离体受精

7.1 植物离体受精简介

植物离体受精（plant *in vitro* fertilization）是指在体外无菌条件下培养未受精的子房、胚珠和花粉，使花粉萌发进入胚珠完成受精的技术。

植物离体受精培育植株无论在基础研究或应用研究方面均具有重大意义。理论方面，可对受精的生理生化机制及早期胚胎发育进行研究。应用方面，可以越过花粉-柱头识别障碍，克服远缘杂交不亲和性或自交不亲和性。此外，植物离体受精在转基因植物培育方面也具有独特优势。

（1）自交不亲和植物在受精过程中的障碍通常发生在柱头或花柱中，由于花粉与柱头识别反应导致花粉管生长受到抑制，不能进入柱头或在花柱中生长停滞，以致受精失败。因此，利用离体的胚珠授粉可以顺利完成受精。

（2）获得体细胞杂交植物的主要困难是杂种细胞培养困难，具体表现在亲缘关系较远的体细胞杂交中常出现一方亲本染色体被排除的现象。因此，在体细胞杂交中往往存在着杂种细胞不分裂、杂种愈伤组织不分化、后代长期不稳定等诸多问题。通过植物离体受精，培养人工杂种合子有利于解决上述问题。

7.2 离 体 传 粉

7.2.1 子房离体授粉

通过人工方法将花粉引入子房，使花粉粒在子房腔内萌发并完成受精过程。可以使花粉管不经过柱头和花柱直接进入子房的胚珠，从而获得远源杂种。

7.2.2 胚珠试管受精

1962年，甘达（Ganda）等以罂粟为材料，在无菌条件下将没有受精的带胎座的胚珠置于装有培养基的试管中，同时用无菌针从花药中取出花粉撒在胚珠的表面，结果发生了与正常状态相似的受精过程，最后结出有活力的种子。

离体培养胚珠，有两种方法可以实现人工控制条件下授粉。

（1）直接在胚珠表面授予无菌的花粉。

（2）预先培养花粉，将花粉撒在培养基表面，再接种带有胚座的裸露的胚珠于花粉培养基上共培养。

7.3 体外受精

体外受精首先必须分离出大量有活力的精细胞和卵细胞。

7.3.1 精细胞分离

精细胞分离方法如下。

1）研磨法

利用玻璃匀浆器的机械力使经过预处理（如消毒、一定浓度介质温育等）的花粉壁破裂而释放出精细胞。

2）渗透压冲击一步法

将花粉置于适宜渗透压条件下任其吸水后自行破裂，释放出精细胞。

3）渗透压冲击二步法

先将花粉在一定浓度蔗糖溶液或其他介质中水合一段时间，再加入等量蒸馏水造成渗透压骤降，促使花粉大量并较为同步地破裂而释放出精细胞。

4）活体-离体技术

先对柱头进行人工授粉，当花粉管在花柱中生长到一定程度后，切下一段花柱（一般切取 1cm 左右），将切口插入液体培养基中继续生长，待花粉管中已有精细胞出现后，将其从基部切断。再用酶液（纤维素酶、半纤维素酶、果胶酶等）水解，或再低渗冲击使花粉管破裂，释放出精细胞。

精细胞从花粉或花粉管中释放出来后要进行纯化处理，一般用小于 35μm 的筛网过滤去除杂质及营养核，再用密度梯度离心进一步纯化。

精细胞多在培养基（如 BK 培养基）中添加适宜浓度的蔗糖、山梨醇等维持渗透压，再加入膜稳定剂［如葡聚糖硫酸钾（PDS）、牛血清白蛋白、Ca^{2+}等］，在合适的 pH（pH6～7）下低温保存。

7.3.2 卵细胞分离

卵细胞可从胚囊或胚珠中分离，比精细胞的分离难度大。胚囊分离常采用的方法有：解剖法、压片法和酶解法。酶解法常与前两种方法结合使用。

1）酶解法

依靠水解酶的作用分离出胚囊，延长酶解时间，将单个胚囊内的细胞相互分开，可得到离散的游离卵细胞，再通过微吸管挑选卵细胞。

2）酶解-压片法

酶解胚珠，再轻压挤出卵细胞。

3）酶解-解剖法

胚珠先经酶解处理，再在倒置显微镜下从胚珠中解剖分离卵细胞。

7.3.3　体外受精方法

植物体外受精可采用与植物原生质体融合类似的方法进行人工诱导融合，如采用化学药剂（聚乙二醇，高 pH、高 Ca^{2+}溶液等）、电融合法使精细胞与卵细胞发生融合。获得的融合胚胎称为**人工合子**（artifical zygote）。

1991 年，科兰（Klanz）等用电融合法使玉米精细胞、卵细胞成对融合，融合率达 79%，再挑选融合体进行单细胞看护培养，细胞分裂率达 83%，并形成了多细胞结构，在玉米上首次实现了离体条件下被子植物精-卵融合，培养得到了再生植株。

复　习　题

1．分析讨论植物离体受精在育种方面的优势。

2．与后面动物体外受精相比，动植物体外受精技术有什么不同？

扩展学习资料

陈林姣，李爱贞，田惠桥．2004．被子植物离体受精系统的遗传操作．植物生理学通讯，40（1）：127-131

田惠桥．2003．高等植物离体受精研究进展．植物生理与分子生物学学报，29（1）：3-10

王忠安．2005．禾本科植物离体受精技术．生物学通报，40（10）：1-2

第8章 多倍体与单倍体植株

8.1 染色体工程

染色体工程（chromosome engineering）是按照一定的设计，有计划地消减、添加或替换同种或异种染色体，从而达到定向改变遗传性状和选育新品种的一种技术。

“染色体工程”这一术语最早是由里克（Rick）和库升（Khush）在1966年提出来的。染色体工程不仅在培育新品种上有重要意义，而且也是基因定位和染色体转移等基础研究的有效手段。

生物体配子的全部染色体称为一个**染色体组**（chromosome set/genome）。哺乳动物配子染色体为单倍体（haploid），用 n 表示，称为一个染色体组。体细胞为二倍体（diploid），以 $2n$ 表示。同一物种的染色体数目是相对稳定的。

染色体变异主要包括染色体结构和数目两个方面。染色体结构变化包括基因的删除、重排和异染色质化等。染色体数目能以整套染色体组或单个染色体为单位进行增加或减少，从而产生整倍体（多倍体或单倍体）和非整倍体生物。体细胞内含有完整染色体组的类型称为整倍体，体细胞内的染色体数目不是染色体组完整倍数的称为非整倍体。

染色体变异在自然界里会自发出现，但是频率较低。利用物理、化学、生物方法可以人工诱发染色体变异。

8.2 多倍体植株

多倍体（polyploid）是指体细胞中含有超过正常染色体组数的个体。

如果多倍体的染色体来自同一物种或在原有染色组的基础上加倍而成，这样的个体称为**同源多倍体**（autopolyploid）。

染色体组来源于不同物种的多倍体个体称为**异源多倍体**（allopolyploid）。

8.2.1 多倍体植株特点

自然条件下，机械损伤、辐射、温度骤变及其他一些化学因素刺激都可能使植物染色体加倍，形成多倍体种群。植物多倍体现象比较普遍的一个原因是植物可以选择无性繁殖方式将多倍体性状保存下去。

高等植物中几乎所有自然生成的多倍体都是异源多倍体，存在明显的杂种优势。多倍体植株通常表现出形态和生理上的变化，特点如下。

1）巨大性

果实、种子、叶、茎、细胞、气孔、花粉等一般比普通二倍体植株大。

2）育性低

同源多倍体由于在减数分裂时同源染色体间配对不正常，联会发生紊乱，致使多数配子含有不正常染色体数，不能形成正常的配子，因而表现出高度不育性，结实率低。对于水果来说，无籽或少籽为优良性状。

3）抗逆性强

多倍体新陈代谢旺盛，适应环境能力一般比较强。相对于二倍体，其具有较高的抗病、抗旱及耐寒能力。

4）营养成分高

多倍体的碳水化合物、蛋白质、维生素等含量会增加。

8.2.2　多倍体植株培育

8.2.2.1　化学诱导法

一些化学物质可以阻止细胞分裂（有丝分裂或减数分裂）或动物卵母细胞第二极体的释放而产生多倍体。常用的化学物质主要有：细胞松弛素 B、秋水仙素、N_2O、$CHClF_2$ 和聚乙二醇等。细胞松弛素 B（cytochalasin B）能抑制肌动蛋白聚合成微丝，从而抑制细胞分裂。

秋水仙素（colchicine）又名秋水仙碱，是从一种百合科秋水仙属植物器官中提取的生物碱，一般为淡黄色粉末，纯品为极细的针状无色晶体，分子式为 $C_{22}H_{25}NO_6 \cdot 12H_2O$，熔点为 155℃，是目前使用最为广泛的植物染色体加倍诱导剂。秋水仙素在植物多倍体诱导上的效果最早是 1937 年由达斯汀（Dustin）报道，后来被勃莱克斯利（Blakslee）和艾弗里（Avery）所证实。秋水仙素能特异性地与细胞中的微管蛋白分子结合，从而使正在分裂中的细胞纺锤丝合成受阻，导致复制后的染色体无法向细胞两极移动，最终形成染色体加倍的细胞。在一定浓度范围内，秋水仙素不会对染色体结构有破坏作用。用秋水仙素处理一定时间的细胞可以在药剂去除后恢复正常分裂，形成染色体加倍的多倍体细胞。

秋水仙素诱导植物多倍体形成时应重点注意以下几个问题。

1）处理部位

处理分裂能力强的细胞才有可能获得多倍体。通常以植物茎端分生组织或发育期的幼胚为材料，花分生组织也可作为处理对象。

2）处理方式

秋水仙素一般用水溶液，也可混入羊毛脂、琼脂或凡士林中使用。处理方法包括浸渍法、涂抹法、喷雾法、注射法等，前两种比较常用。

浸渍法：先将种子浸种催芽，待胚根露白时，把种子浸在 0.1%～0.5% 的秋水仙素溶液中 24h，取出冲洗脱药，随即播种。

涂抹法：把配制好的 0.1%～0.5% 秋水仙素溶液用吸管滴在树芽生长点上，每日早晚各 1 次；也可用脱脂棉吸取秋水仙素溶液，覆被在生长点上；或用秋水仙素羊毛脂涂抹在生长点上，处理后用黑色薄膜包扎。

3）药剂浓度

不同植物对秋水仙素的敏感性不同。秋水仙素的有效使用浓度一般为 0.01%～0.5%，以 0.2% 左右的浓度最为常用。

4）处理时间

处理时间一般不少于 24h。浓度高时处理时间可相应短些。秋水仙素处理后并不是全部分生细胞的染色体数都会加倍。由于染色体加倍后的分生细胞生长比未加倍的分生细胞生长慢，如果未加倍的分生细胞多，加倍的分生细胞就可能从分生组织中消失。秋水仙素处理时间过短时经常会发生这种情况。但是，如果处理时间过长，又会造成分生组织的染色体多次加倍。因此必须掌握好处理时间。对于幼嫩而分裂迅速的组织，处理时间可短一些，浓度可低一些；反之，应该时间长一些，浓度高一些。一般来说，间歇处理要比持续处理的效果好。

5）处理温度

处理温度一般为 18～25℃。温度较高时成功的可能性大。

8.2.2.2 生物法

1）杂交法

获得染色体组加倍个体后，再与未加倍个体杂交可以培育出多倍体植株。一般而言，用秋水仙素诱导而成的多倍体植株往往是同源四倍体，如果将其与二倍体个体杂交，便可获得三倍体的植株。

2）胚乳培养法

胚乳中的染色体组数是植物中染色体组数 1.5 倍。因此对于二倍体植株而言，胚乳有 3 个染色体组。胚乳同样具有一般细胞的全能性，因此，胚乳细胞培养可获得三倍体植株。

8.2.3　多倍体植株鉴定

人工诱导不能百分之百地成功诱导出多倍体，结果可能是由多倍体、二倍体甚至是多倍体与二倍体构成的嵌合体等混合群体，所以需要鉴定染色体的倍性，从中筛选出需要的多倍体。常用的多倍体倍性鉴定方法有间接法（如核体积测量法、形态学检查法等）和直接法（如染色体计数法、DNA 含量测定法等）两类。

1）核体积测量法

一般而言，细胞核大小与染色体数目成比例。为了维持恒定的核质比，随着细胞核的增大，细胞大小也按比例增大。因此，多倍体细胞及细胞核通常要比二倍体大一些。通过体细胞核体积的测定可以鉴定染色体的倍性。但是本方法比较费时，且准确性不高。

2）染色体计数法

将细胞固定制片、染色后观察染色体数目。由于染色体制片技术比较成熟，尽管比较费时，但是该方法仍在鉴定多倍体倍性时广泛采用。

3）DNA 含量测定法

细胞 DNA 含量测定是倍性鉴定的另一个比较有效的直接方法，可以测定单个细胞的 DNA 含量，再通过细胞 DNA 比较来推断出细胞的倍性。如果发现杂种的 DNA 含量是其亲本的 1.5 倍，就可以确定是三倍体。DNA 含量测定法快速准确，能测出嵌合体，但是需要专门仪器。

8.3　单倍体与纯合二倍体植株

单倍体（haploid）是细胞中含有正常体细胞一半染色体数的个体，即具有配子染色体组的个体。与多倍体一样，由于在减数分裂时同源染色体联会发生紊乱，很难形成具有一套完整染色体组的配子，因此单倍体也具有高度不育性。

单倍体染色体上的每个基因都能表现出相应的性状，极易发现突变，尤其是隐性突变，所以单倍体是进行染色体遗传分析的理想材料。通过人工方法使单倍体的染色体加倍就可以获得纯合二倍体，重新具有可育性。这种方法可缩短育种年限，大大提高了选育效率，在育种上具有极高的利用价值。

8.3.1　单倍体植株

花药培养（anther culture）是指离体培养花药，使小孢子改变原有的配子体发育途径，转向孢子体发育途径，形成花粉胚或花粉愈伤组织，最后形成花粉植株，从中鉴定出单倍体植株再经染色体加倍后获得纯合的二倍体植株。

花粉培养（pollen culture）需要从花药中提取花粉进行培养。

花药培养和花粉培养培育单倍体植株属于植物的雄核发育。在花药培养和花粉培养中，选择发育到特定时期的花粉进行培养是成功的关键。一般情况下，花药培养和花粉培养所取材料是未开放的花蕾。

8.3.1.1 花粉分离

花蕾经表面灭菌后，在无菌条件下剥取花药，可采用漂浮培养自然释放法和机械分离法制备花粉。

1）自然释放法

把花药接种在含有聚蔗糖（ficoll）的液体培养基上，花药漂浮于液体表面，培养 1～7d，花药壁开裂，过滤收集花粉。

2）机械分离法

（1）分离：把花药放在玻璃容器中，加入一定量适当浓度的蔗糖溶液或直接加入适量液体培养基，用注射器内径轻轻挤压花药将花粉挤出，或者用磁力搅拌器把花药搅裂使花粉散出。

（2）过筛：把花药残渣和花粉混合液用一定孔径的滤网过滤。孔径大小根据不同植物花粉粒的大小进行选择。将带有花粉的滤液注入离心管。

（3）清洗：根据花粉粒大小选择不同离心速度和离心时间。花粉沉淀下来，小块花药壁残渣悬浮在上清液中，用吸管将上清液弃去，重新加入蔗糖溶液或培养基再离心，弃去上清液，重复 2～3 次，最后一次需用培养花粉的液体培养基进行。取出上清液后加入一定量液体培养基，使花粉的密度达到所需要求。

8.3.1.2 花药或花粉植株

将花药或花粉接种到培养基后，在适宜条件下，经过一段时间的培养，小孢子发生脱分化，改变原来发育途径，通过器官发生途径或胚状体发生途径再生成单倍体植株。

1）器官发生途径

在花药或花粉诱导培养获得具有形态发生能力的愈伤组织后，应转向含较少（甚至不含）生长素和较多细胞分裂素的分化培养基上诱导芽的形成。之后，应将无根苗转入诱导不定根形成的根分化培养基上培养。这种根分化培养基与芽分化培养基的不同之处在于其含有较多的生长素和较少（或不含）的细胞分裂素，无机盐浓度较低。在诱导芽和根的培养中，不同种类的植物要求的生长素和细胞分裂素的种类、浓度和配比是不同的。应采用尽可能低浓度的生长调节物质，否则会使诱导出的花粉植株过于纤弱，甚至形成白化苗。

2）胚状体途径

通过胚状体途径产生植株可分为以下两种情况。

（1）直接胚状体发生：从离体培养的花药或花粉直接产生胚状体。

（2）间接胚状体发生：离体培养的花药或花粉先形成胚性愈伤组织，然后再由胚性愈伤组织分化出胚状体。

多数情况下，需要降低脱分化培养阶段培养基中的生长调节物质含量。在使用了2，4-D的情况下，应大幅度降低2，4-D的用量甚至完全去掉2，4-D，或改用适量的其他生长素类物质；在脱分化培养阶段采用液体培养基时，再分化培养阶段通常改用固体培养基培养。此外，有时还应降低无机盐和蔗糖浓度，调整铵态氮和硝态氮的比例。

8.3.1.3 单倍体植株鉴定

由花药或花粉培养获得的植株并不都是期望的单倍体，包括单倍体、二倍体、多倍体和非整倍体。因此，必须对获得的花药或花粉植株进行倍性鉴定，筛选出需要的单倍体植株。

鉴定花药和花粉植株染色体倍性的方法主要有：形态鉴定、结实性鉴定、染色体数目鉴定和生化或分子标记鉴定。

1）形态鉴定

通过观察花药和花粉植株的形态特征进行染色体的倍性鉴定。具有简单直观的优点，但是由于形态标记数量少，鉴定的准确性低。

2）结实性鉴定

不同染色体数目的植株在结实性方面有不同表现。例如，单倍体植株、三倍体植株和非整倍体植株虽然都能开花但通常不结实；二倍体植株则开花结实都正常；四倍体植株虽能开花但通常结实性不良。因此，可通过观察植株的结实性来鉴定花药和花粉植株。

3）染色体数目鉴定

染色体数目是花药或花粉植株倍性的直接证据。植株染色体数目的鉴定通常采用涂片法（或压片法）检查根尖或茎尖染色体数目。

4）生化标记鉴定

生化标记是指以基因表达产物蛋白质为主的一类标记系统，常用的是同工酶标记。等位基因决定同工酶多态性，若等位基因纯合时，无论其拷贝多少，表现在酶谱上都只有一条带；等位基因杂合时则出现不同酶带。在花药和花粉植株倍性鉴定中，可用的同工酶标记有酯酶、过氧化物酶、α-淀粉酶等。生化标记是基因表达的直接产物，受环境影响小，检测也相对简便，成为花药和花粉植株倍性鉴定的有用工具。但该方法由于生化标记数量少、受植株个体发育阶段及取材部位等因素的影响，多态性较低，应用上受到一定限制。

5）分子标记鉴定

分子标记鉴定是根据植物基因组 DNA 水平差异进行检测。目前常用的分子标记有：简单序列重复（simple sequence repeat, SSR）、序列标签位点（sequence-tagged site，STS）、限制性片段长度多态性（restriction fragment length polymorphism, RFLP）、随机扩增多态性 DNA（random amplified polymorphic DNA, RAPD）、扩增片段长度多态性（amplified fragment length polymorphism, AFLP）等。

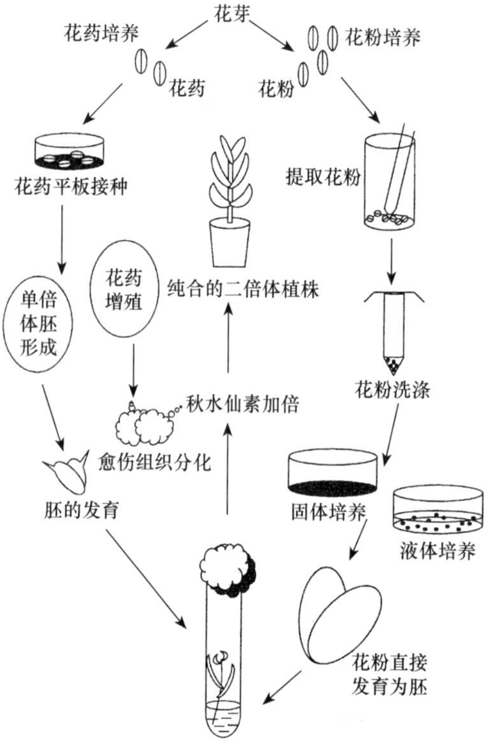

图 8.1　花药培养和花粉培养培育单倍体植株和纯合二倍体植株示意图（谢从华和柳俊，2004）

8.3.2　纯合二倍体植株

由于单倍体植株只由配子染色体组成，生活力很弱，如果不进行二倍化处理，则较难存活，因此，对鉴定的单倍体植株应尽早进行染色体加倍处理。通过染色体加倍就可以获得具有可育性的纯合二倍体植株（图 8.1）。最常用的方法是秋水仙素方法，大致步骤如下。

（1）用 0.02%～0.4% 秋水仙素溶液处理花药或花粉单倍体植株。禾本科植物的处理应在分蘖期进行，将分蘖节以下部分浸泡在 0.1% 左右秋水仙素溶液中 2～3d。处理后用流水冲洗 0.5h，然后栽入土中，鉴定出加倍植株。木本植物用浸透 0.1%～0.4% 秋水仙素溶液的棉球放置在植株顶芽和腋芽生长点处，一般处理 2～3d，鉴定处理过的顶芽和腋芽萌发出的枝条染色体是否加倍。

（2）在组织培养过程中向培养基中加入秋水仙素进行培养，也可在培养过程中单独用秋水仙素溶液浸泡培养材料，然后置于不含秋水仙素的培养基中培养。

复　习　题

1．查阅文献，举例分析讨论多倍体育种在农业中的应用。

2．分析植物单倍体与纯合二倍体在植物遗传育种中的意义。

扩展学习资料

陈曦，刘志洋．2020．6 种多倍体大花萱草组织培养研究．安徽农业科学，48(1)：106-110

刘纪麟，马克军．2003．诱发单倍体快速选系育种——单倍体-纯合二倍体选系方法．玉米科学，(z2)：70-72

田恩堂，贺朱林，周平，等．2017．植物多倍体的形成及其二倍化机制．湖北农业科学，56(11)：2001-2007

徐舶，高霞，石凤翎，等．2018．黄花苜蓿花药培养再生体系的建立与单倍体鉴定．草业科学，35(5)：1090-1097

张世清，陈河龙，刘巧莲，等．2019．剑麻多倍体诱导及鉴定．农村实用技术，(11)：106-107

赵学燕，翟红莲，唐艳梅，等．2009．白花泡桐秋水仙素多倍体育种．农业与技术，29(1)：44-47

第9章 转基因植物

9.1 转基因植物简介

转基因植物（transgenic plant）是指将外源基因转入植物的细胞或组织中获得具有新的遗传性状的植物。

9.1.1 受体

以下植物受体可以作为转基因的材料。

（1）叶盘：从幼嫩新鲜的植物叶片上用打孔器取下直径约5mm的圆形叶片（叶盘）作为外源DNA的转入受体。

（2）原生质体：无细胞壁，易于接受外源基因，同时细胞壁再生后可以再生完整植株。

（3）悬浮细胞：单个细胞易于操作，性状稳定。

（4）愈伤组织：属于分生细胞，易于接受外源基因。

（5）胚状体：胚状体起源于单细胞，不易发生嵌合现象。

（6）胚轴、茎尖、茎段或植物个体。

9.1.2 转基因方法

9.1.2.1 直接导入法

直接导入法采用物理或者化学方法直接将外源目的基因导入植物细胞。

物理方法包括基因枪法、电击法、显微注射法和激光微束法等。

基因枪法（gene gun method）又称粒子轰击（particle bombardment）、高速粒子喷射（high-velocity particle microprojection）技术（图9.1A）。表面附着DNA分子（含目的基因）的金属微粒，经过加速装置轰击植物细胞，从而将DNA直接射入植物细胞。

化学方法包括PEG法、脂质法等。PEG是细胞融合剂，在磷酸钙、高pH条件下引起原生质细胞膜表面电荷紊乱带来通透性改变，从而有助于细胞摄取外源DNA。

9.1.2.2　载体介导法

载体介导法将目的基因插入农杆菌的质粒或病毒的 DNA 分子，随着质粒或病毒 DNA 的转移进入受体。

农杆菌介导可采用“共培养法”（图 9.1B），有根癌农杆菌和发根农杆菌两种载体系统。以根癌农杆菌为例，野生型根癌农杆菌 Ti 质粒（图 9.2）大小为 200～800kb，其中 T-DNA（transferred DNA）区为 12～24kb，*vir* 区有 35kb，T-DNA 上有 *tms*、*tmr* 和 *tmt* 三个基因，分别编码合成植物生长素、分裂素和生物碱的酶。在 T-DNA 两端各有一个 25bp 的末端重复序列 LB 和 RB，在 T-DNA 的切除及整合过程中起着重要作用。T-DNA 区可高效整合到植物受体细胞的染色体上并得

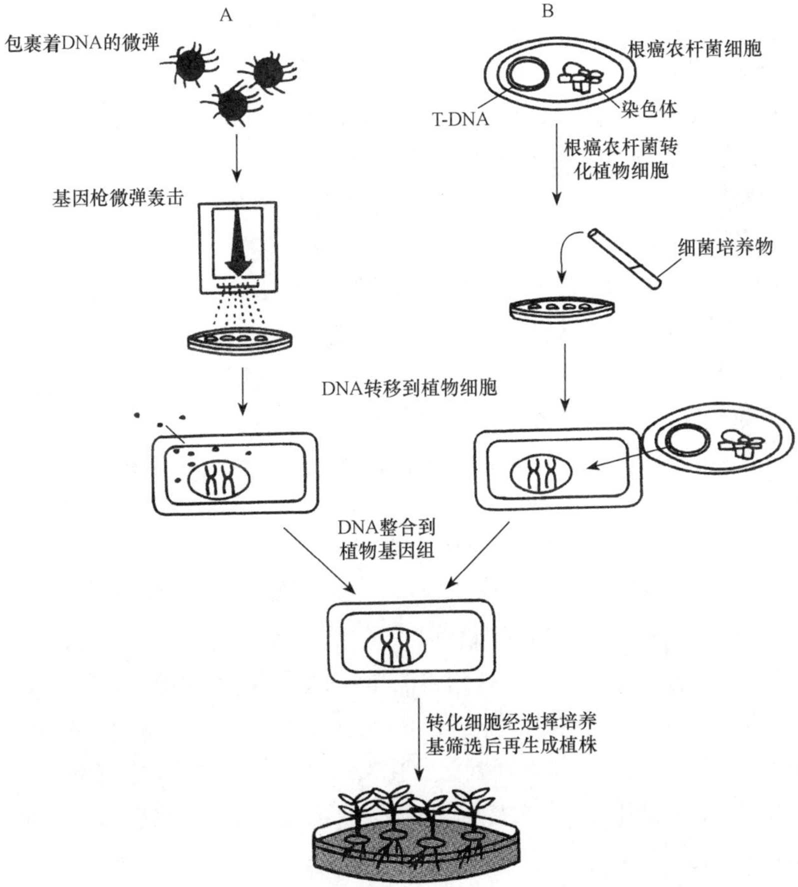

图 9.1　外源目的基因转化植物细胞（吴乃虎，2001）

A．基因枪法；B．根癌农杆菌共培养

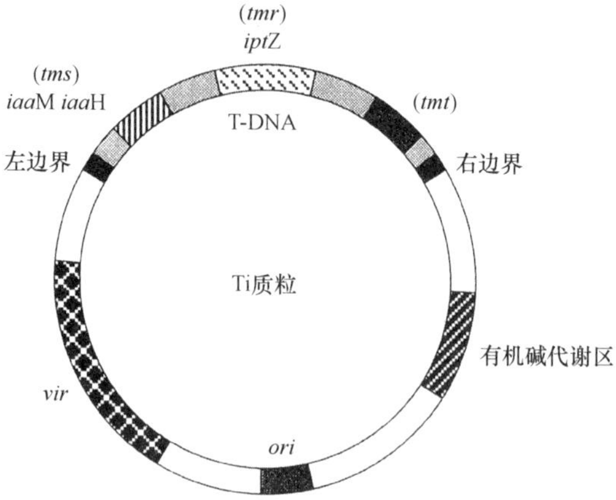

图 9.2 根癌农杆菌 Ti 质粒（张惠展，1999）

到表达。利用这一特点，可将目的基因转入 Ti 质粒的 T-DNA 区构建根癌农杆菌的转化载体。将根癌农杆菌与植物原生质体、悬浮细胞、叶盘、茎段共同培养，用根癌农杆菌含有目的基因的质粒去转化植物受体。将短暂共培养的受体洗去根癌农杆菌，在含有适量抗生素的培养基上培养，筛选具有抗生素抗性标记的转化细胞，然后用特定培养基诱导细胞形成转基因植株。这种方法在双子叶植物中转基因的成功率较高。

目前已经建立的 Ti 质粒介导方法有共整合转化、二元整合转化等。

1）Ti 质粒介导的共整合转化系统

将外源基因整合到修饰过的 T-DNA 上形成可穿梭的共整合载体，在 *vir* 基因产物作用下完成目的基因向植物细胞的转移和整合。将删除 *tms*、*tmr* 和 *tmt* 基因的 T-DNA 片段克隆到大肠杆菌载体质粒 pBR322（有氨苄青霉素抗性标记）上，然后分别插入新霉素磷酸转移酶（*NPT* Ⅱ）基因（卡那霉素抗性）和根癌农杆菌筛选标记，接入外源基因，转化大肠杆菌，利用氨苄青霉素筛选阳性克隆（Ap^r）。将重组大肠杆菌与含野生型 Ti 质粒的根癌农杆菌共培养，通过同源重组，T-DNA 质粒整合到 Ti 质粒上得到重组根癌农杆菌，利用根癌农杆菌筛选标记筛选。

2）Ti 质粒介导的二元整合转化系统

由两个分别含有 T-DNA 和 *vir* 区的 Ti 微型质粒和辅助质粒构成，通过反式激活 T-DNA 转移至植物细胞基因组内。微型 Ti 质粒小，转移到农杆菌比较容易，载体容易构建，效率较高。这是目前 T-DNA 转化植物细胞比较常用的方法。

发根农杆菌是与根癌农杆菌同属的一种土壤杆菌，含有 Ri 质粒，可以诱导植物细胞产生毛状根，毛状根细胞能分化形成植株。由于 Ri 质粒也含有可高效整合到植物受体细胞的染色体上并得到表达的 T-DNA，因此也可用作植物转基因的载体。

9.1.2.3 病毒感染法

病毒可以感染植物组织，不受双子叶和单子叶限制，因此病毒 DNA 可以作为载体转化植物细胞。较常采用的是花椰菜花叶病毒（CaMV）和番茄金花叶病毒（TGMV）。

9.1.2.4 种质系统法

种质系统法是以植物自身的种质细胞为载体实现基因转移，在植株水平导入目的 DNA 的技术。主要包括花粉管通道法、种子浸泡法、子房 / 胚囊注射法。

以子房注射法为例，在植物授粉后，将外源 DNA 注入子房的胎座位置，使 DNA 沿着花粉管通道进入胚囊与受精卵或者胚细胞接触而达到转化目的。

9.1.3 转基因植物鉴定

一般情况下，受体只有少部分获得了外源目的基因，而目的基因被整合到受体基因组并实现表达的更少。因此必须进行转基因植物鉴定。常用方法如下。

1）选择性培养检测

Ti 质粒改造时插入有抗生素标记基因，如 *Cat* 基因可使植物细胞表现抗氯霉素，*NPT* Ⅱ为卡那霉素抗性基因，因此，可以利用抗生素标记选择转入外源基因的细胞、愈伤组织。另外，转入 Ti 质粒的受体能在无激素培养基上存活，未转化的则不能，因此可以用无激素的培养基培养筛选。

2）遗传标记检测

为了便于在受体中检测到载体的存在，通常选用具有特殊遗传标记的质粒。常用的遗传标记有：① β-葡糖苷酸酶（β-glucuronidase，GUS）基因，它可使植物细胞在 5-溴-4- 氯-3-吲哚葡糖苷（5-bromo-4-ehloro-3-indolyl glucuronide，X-gluc）底物溶液中显示蓝色；②荧光素酶基因，它可使植物细胞发出蓝绿色荧光。

3）目的基因检测

采用 PCR、分子印迹等分子技术可直接检测目的基因的存在。

9.2 基因改良植物

利用转基因技术可以实现植物品种改良，如获得抗虫害、抗除草剂、抗病毒、控制果实成熟、改变花型花色、抗环境压力、产生高品质产物等转基因植物。

9.2.1 抗虫害植物

昆虫对农作物的危害非常大。苏云金芽孢杆菌（*Bacillus thuringiensis*，Bt）能产生一种蛋白质，编码基因位于Bt中一个75kb的质粒上。这种蛋白质分子质量约为125kDa，对许多昆虫的幼虫表现毒性。Bt合成的只是无活性的原毒素，被幼虫进食后，其消化道中的蛋白酶便将毒素原蛋白水解成68kDa的毒性片段。这个片段与幼虫中肠细胞表面的受体结合，干扰这些细胞的正常功能，从而产生毒害作用杀灭幼虫，但是对成虫和脊椎动物无害。因此，可将该蛋白质中与毒性有关的N端1～615位氨基酸对应的基因克隆到植物细胞中培育出抗虫害转基因植物。

9.2.2 抗除草剂植物

目前使用的除草剂或多或少会对植物产生影响，可以通过转入相关外源基因抑制农作物对除草剂的吸收、降低敏感性靶蛋白对除草剂的亲和性、表达对除草剂具有灭活能力的产物来增强植物对除草剂的耐受性。

9.2.3 高品质植物

转基因技术还是提高植物营养等品质的有效途径。①植物细胞内的颗粒结合型淀粉合成酶（granule-bound starch synthase，GBSS）控制直链淀粉的合成，通过将GBSS反义基因导入马铃薯使GBSS的酶活性降低，从而获得低直链淀粉含量的淀粉。②硬脂酰-酰基载体蛋白（ACP）脱饱和酶是质体中脂肪酸合成途径的第一个脱饱和酶，催化18碳的硬脂酸转变为油酸，决定了植物油中饱和脂肪酸与不饱和脂肪酸的比例。可利用反义RNA技术特异性灭活植物体内硬脂酰-ACP脱饱和酶，提高植物中饱和脂肪酸的含量。

9.3 转基因植物生物制药

将药用蛋白或多肽在植物中进行表达是一种新型的生物制药技术。迄今为止，已经有几十种药用蛋白或多肽在植物中得到成功表达，包括人细胞因子、表皮生长因子、促红细胞生成素、干扰素、生长激素、单克隆抗体和可作疫苗用的抗原蛋白等。例如，将小鼠抗体的轻链与重链利用根癌农杆菌介导的转化系统转入两种烟草植物体内表达，然后进行杂交，产生的子代植物同时合成小鼠的轻链与重链两种多肽。

直接利用转基因植物作为口服疫苗的研究也是一个重要发展方向。例如，乙肝表面抗原已经在烟草、马铃薯、番茄、玉米等中成功表达，为生产重组乙肝疫苗展现了良好的应用前景。应用转基因植物生产的一些药物见表9.1。利用重组哺乳动物细胞生产蛋白质药物非常昂贵，而以转基因植物作为生物反应器表达生产具有重要经济价值的药用蛋白可以在农田实现，且成本较低。

表9.1 应用转基因植物生产的一些药物

药物名称	基因来源	应用	植物载体
核糖体抑制蛋白	栝楼、玉米	抑制人免疫缺陷病毒（HIV）	烟草
血管紧张肽转化酶	牛奶	抗过敏	烟草、番茄
抗体	小鼠	多种用处	烟草
抗原	细菌、病毒	口服疫苗	烟草、马铃薯、番茄
	病原体	亚单位疫苗	烟草
脑啡肽	人	止痛、镇定剂	油菜、拟南芥
表皮生长因子	人	特殊细胞增殖	烟草
促红细胞生成素	人	调节红细胞水平	烟草
生长激素	鲑鱼	刺激生长	烟草、拟南芥
水蛭素	合成	血栓抑制剂	油菜
人血清白蛋白	人	血浆扩张剂	烟草、马铃薯
干扰素	人	抗病毒	芜菁

复 习 题

1. 查阅文献，以一例说明转基因技术在植物新品种培育中的应用。
2. 分析转基因植物生物制药的优势与局限。

扩展学习资料

郭洪年，侯汉娜，欧阳青，等. 2008. 抗蚜基因及其转基因植物. 中国生物工程杂志，28（6）：118-124

宋智斌，赵怡然，苏昆龙，等. 2016. 小反刍兽疫转基因苜蓿植物疫苗表达载体的构建. 分子植物育种，14（2）：374-381

王宝琴，张永光，王小龙. 2003. 转基因植物疫苗与转基因植物抗体的研究进展. 中国兽医科技，33（9）：29-33

王瑾，唐益苗，赵昌平，等. 2008. 转基因植物检测技术研究进展. 科技导报，26（23）：88-93

王龙涛，葛晨霞，王翠瑜，等. 2010. 猪病毒性腹泻转基因植物疫苗研究进展. 安徽农业科学，38（29）：16266-16267

赵凤云，郭善利，王增兰，等. 2003. 耐盐转基因植物研究进展. 植物生理与分子生物学学报，29（3）：171-178

第10章 植物细胞培养

10.1 植物干细胞

分生组织（meristem tissue）是指植物体一定部位中具有持续或周期性分裂能力的细胞群。其特征是细胞小，排列紧密，无细胞间隙，细胞壁薄，细胞核大，细胞质浓，无明显的液泡。一小部分仍保持高度分裂的能力，大部分则陆续长大并分化为具有一定形态特征和生理功能的细胞，构成植物体的各种组织或器官。

形成层（cambium）一般指裸子植物和双子叶植物的根和茎中位于木质部和韧皮部之间的一种分生组织。形成层（植物干细胞）由具有很薄且微小的细胞壁的微小细胞层构成，是植物的分裂组织，即植物的干细胞组织。

分生组织按照位置可分为以下三类。

（1）顶端分生组织：位于根、茎及其分枝顶端。它们使根、茎得以伸长，长出侧根、侧枝、新叶和生殖器官。组成顶端分生组织的细胞小而呈等径的多面体，细胞壁薄，细胞核大且位于细胞的中央，细胞质浓厚，液泡小而分散。

（2）侧生分生组织：纵贯根、茎，位于其周围靠近器官边缘的部分，一般为1或2层细胞所构成的圆筒形或带状结构。侧生分生组织包括维管形成层和木栓形成层。

（3）居间分生组织：位于成熟组织之间，是顶端分生组织在某些器官中的局部区域的保留。居间分生组织主要存在于多种单子叶植物的茎和叶中。

分生组织按细胞来源可分为原分生组织、初生分生组织和次生分生组织。

（1）原分生组织：由始终保持分裂能力的胚性细胞——顶端原始细胞及相邻的接近原始的细胞组成的原始细胞层组成，位于根、茎及其分枝顶端的最前部分。当一个原始细胞分裂时，其中一个子细胞继续保持原始细胞的持续分裂能力，另一个子细胞经过几次分裂产生许多衍生细胞。

（2）初生分生组织：由原分生组织衍生的细胞组成，存在于根、茎及其分枝顶端最前方的原分生组织后面。细胞形态上已出现了最初的分化，它们在离根或茎的顶端一定距离处，可区分出原表皮层（分化产生植物的表皮系统）、原形成层（分化产生植物的初生维管组织）和基本分生组织（分化产生植物的基本组织）三部分，但仍具有很强的分裂能力。初生分生组织是由未分化的原分生组织向完全分化的成熟组织过渡的组织类型。

（3）次生分生组织：由成熟组织细胞经历生理上和形态上的变化，脱离原来的成熟状态（即脱分化），重新恢复细胞分裂能力而转变成的分生组织。木栓形成层是典型的次生分生组织。

植物干细胞（plant stem cell）是位于植物分生组织（形成层）中具有分裂和再生能力的细胞。茎、叶和花这三大地上器官就是由位于顶端分生组织中的植物干细产生的，而位于地下的根，则是由根尖分生组织中的干细胞分化而来。体外培养植物细胞时细胞系的筛选可优选植物分生组织中的细胞。

10.2　植物细胞培养技术

10.2.1　定义与特点

植物细胞培养（plant cell culture）是在离体条件下，将分离的植物细胞通过继代培养增殖，获得大量细胞群体的一种技术。

植物细胞培养是在植物组织培养基础之上发展起来的。20 世纪 50 年代，泰尔克（Talecke）和尼克尔（Nickell）发现植物细胞可生长在悬浮培养液中。随后，离体培养的植物细胞具有合成代谢产物的能力被证实。1956 年，尼克尔和卢荻（Routin）申请了第一个用植物细胞培养生产化学物质的专利。20 世纪 60 年代开始，植物细胞培养开始成为研究和生产植物次级代谢产物的一种重要技术。

与微生物培养相比，植物细胞培养具有以下特点。

（1）植物细胞直径一般为 10～200μm，平均直径比微生物细胞大 30～100 倍。

（2）植物细胞很少以单一细胞形式悬浮生长，通常以一定细胞数的非均相细胞团方式存在。

（3）植物细胞具有纤维素细胞壁和大的液泡，很容易被剪切力损伤。

（4）与微生物细胞相比，植物细胞生长速度慢，操作周期长。

（5）植物细胞培养基成分丰富而复杂，防止微生物污染更困难。

（6）植物细胞培养一般需要光照，氧气和 CO_2 的含量与传递对细胞培养影响较大。

10.2.2　培养基

培养基主要由无机盐类、碳源、有机氮源、有机酸、维生素、激素和一些复合物质组成。

培养基中无机盐浓度通常在25mmol/L左右。硝酸盐浓度一般采用25～40mmol/L。培养基中钾元素浓度一般为20mmol/L或更高。蔗糖或葡萄糖是常用的有机碳源。通常采用的有机氮源是蛋白质水解产物（包括酪蛋白水解产物）。

10.2.3 植物单细胞分离

10.2.3.1 酶解法

根据植物细胞壁的组成特点，选用某一专一性水解酶，在温和条件下将细胞壁物质分解掉，从而释放出细胞。

10.2.3.2 愈伤组织诱导法

由植物组织培养获得愈伤组织，继代培养使愈伤组织大量增殖，再通过振动、酶解等方法使细胞分离。

10.2.4 细胞系与细胞株

细胞系（cell line）是以一种细胞为主的、能在体外长期生存的不均一的细胞群体。

细胞株（cell strain）是指从一个经过生物学鉴定的细胞系用单细胞分离培养或通过筛选的方法，由单细胞增殖形成的细胞群。由原细胞株进一步分离培养出与原株性状不同的细胞群称为亚株（substrain）。

细胞株筛选是植物细胞大规模培养的前提。为了获得适合大规模悬浮培养和生长快速的细胞系，首先要对细胞进行驯化和筛选。适合于工业化生产的细胞株必须满足以下条件。

（1）分散性好，适合大规模悬浮培养。

（2）均一性好，细胞大小、生理状态一致。

（3）生长速度快，培养周期短，不易染菌。

（4）目标产物含量高，容易分离提取。

（5）细胞遗传稳定。

10.2.4.1 细胞株筛选

1）一般流程

（1）愈伤组织诱导与培养：选用植物的目标产物高产部位作为外植体诱导愈伤组织。愈伤组织形成后，进行继代培养。

（2）单细胞分离：选取生长快速而疏松的愈伤组织，通过固体培养基继代培养，挑选生长快速的细胞。

（3）细胞无性系的分离：转移到液体培养基中进行悬浮培养，从中选择分散性好、生长速度快的细胞。

（4）细胞株筛选：检测目标产物含量，选择目标产物含量高的细胞株。

（5）性能评价：进行较大规模培养，考察细胞生长与目标产物合成的稳定性。

（6）细胞株获得：得到适合工业化生产的细胞株，保种。

2）定向富集驯化

（1）激素自养型细胞株的筛选驯化：将愈伤组织或分离到的细胞接种在不含生长素、分裂素的培养基中进行继代培养，挑选生长好的细胞进行反复继代培养驯化，可以获得激素自养型细胞。

（2）耐受高剂量有毒物质的细胞株驯化：将愈伤组织或分离到的细胞接种到含高浓度的乙酸盐、苯甲酸钠等可能对细胞产生毒害的化合物的培养基中反复继代培养驯化，不断提高这些成分的含量，可以获得耐受高剂量有毒物质的细胞株。

3）人工诱变筛选

筛选到的细胞株如果还满足不了需要，可进一步进行人工诱变筛选，也可采用细胞融合、细胞重组、基因工程等方法对细胞株进行改良。人工诱变筛选系统包括如下几种。

（1）悬浮培养系统：悬浮培养系统中细胞生长速度快、细胞群体比较均匀，因而被广泛用于细胞突变体的筛选。

（2）愈伤组织系统：当愈伤组织培养到一定阶段后，将愈伤组织进行诱变处理，通过继代培养结合选择压力进行筛选。

（3）原生质体系统：原生质体容易进行人工诱变。

10.2.4.2　细胞株保存

1）继代培养保存法

悬浮培养的细胞通过每隔 1～2 周换液进行一次继代培养。

2）低温保存法

一般选择 5～10℃的温度培养，每隔 10d 左右更换一次培养液。

3）冷冻保存法

（1）低温保存：−20℃左右保存细胞。

（2）超低温保存：液氮（−196℃）保存。

10.2.5 植物细胞小规模培养

10.2.5.1 看护培养

看护培养（nursing culture）是指用一块活跃生长的愈伤组织（看护组织）来看护单个细胞，使其持续分裂和增殖的一种培养方法。该方法由谬尔（Muir）于1953年创立。具体方法是将单个细胞接种于滤纸上，再置于愈伤组织之上培养。

10.2.5.2 饲养层培养

饲养层培养（feed layer culture）是指用处理（如X射线处理）过的无活性的或分裂很慢的细胞作为饲养细胞来饲养所需培养的细胞，使其分裂和生长。具体方法有以下四种。

（1）双层滤纸植板培养：在饲养层细胞和靶细胞层之间放两张滤纸，上面一层滤纸用于将靶细胞转移到其他培养基上继续培养。

（2）饲养细胞与要培养的细胞共同培养于琼脂培养基中。

（3）饲养细胞与要培养的细胞分别培养于琼脂培养基中，前者位于下层，后者位于上层。

（4）饲养细胞与要培养的细胞一起培养于液体培养基中。

10.2.5.3 液体浅层静置培养

液体浅层静置培养是将一定密度的悬浮细胞接种在培养皿或三角瓶中静置培养。

10.2.5.4 细胞同步化培养

在基础研究中常需要用细胞生长周期一致的细胞作为研究材料，通过细胞培养的同步化可以达到这一目的。

以下为细胞同步化培养的常用方法。

（1）体积选择法：将培养一段时间的细胞经过一定大小的筛网过滤，收集筛网上的细胞；再经过较小孔径筛网过滤，收集筛网上的细胞。选择每一孔径筛网过滤得到的细胞再分别进行培养。

（2）冷处理法：收集细胞，在4℃下处理数天，添加新鲜培养液培养。

（3）饥饿法：控制培养液中营养成分的浓度，使细胞处于饥饿状态数天，然后再添加营养进行培养。

（4）抑制法：通过向培养液中添加尿苷（1μg/mL）、5-氟脱氧尿苷（2μg/mL）、一定浓度的秋水仙素等抑制细胞分裂。

10.2.6　植物细胞悬浮培养

10.2.6.1　悬浮培养

悬浮培养（suspension culture）是指将细胞接种于液体培养基中，在保持良好的分散状态情况下培养。

细胞悬浮培养的优点如下。

（1）可以保证良好的混合状态，增加细胞与培养液的接触面，促进营养的吸收，获得良好的气体传递效果。

（2）细胞生长快。

（3）容易放大，实现规模化培养。

悬浮细胞的分批培养生长曲线与微生物细胞生长曲线基本相同，也经历延迟（适应）期、指数生长期、减速期、平台期和衰亡期。一般在平台期前进行继代培养，以获得尽量高的细胞产量。

10.2.6.2　细胞悬浮培养的生物反应器

适合植物细胞悬浮培养的生物反应器应该具有合适的氧传递、良好的流动性和低的剪切力。机械搅拌式、鼓泡式和气升式三种常见生物反应器都可以用于植物细胞悬浮培养。但是均需要对反应器结构进行适当改造，如为降低机械剪切力的影响，需要对机械搅拌式生物反应器的搅拌桨、鼓泡式和气升循环式生物反应器的进气系统进行改造。同时，如果采用外部光源提供光照，生物反应器均应采用透光材料加工；如果采用内部光照系统，内部结构需要特殊设计。

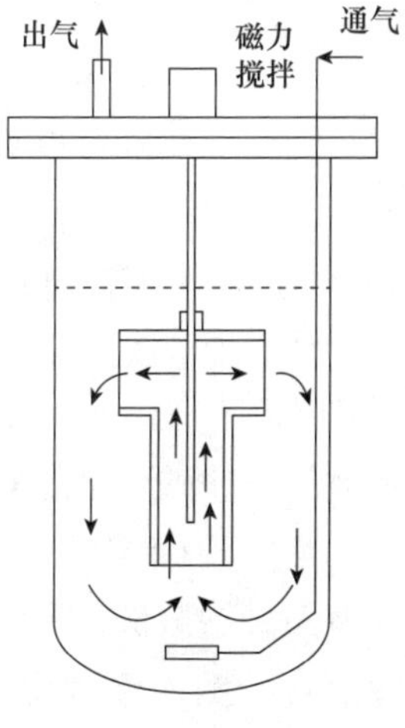

图 10.1　离心桨生物反应器示意图

对于用于植物细胞培养的机械搅拌式生物反应器，重点是对搅拌器进行选择或改造，尽量降低剪切力损伤。例如，离心桨生物反应器（图 10.1）采用三叶螺旋桨，同时采用微孔金属丝网作为气体分布器，能提供良好的混合状态，剪切力比机械搅拌桨低。

此外，一些低剪切力的生物反应器也被开发出来用于植物细胞培养，如**转鼓式生物反应器**（rotating drum bioreactor）（图 10.2）。以转子带动培养罐转动，从而促进了气体交换与营养物质的吸收，具有悬浮系统均一、剪切力低、防止细胞黏附在壁上的优点，适合于植物细

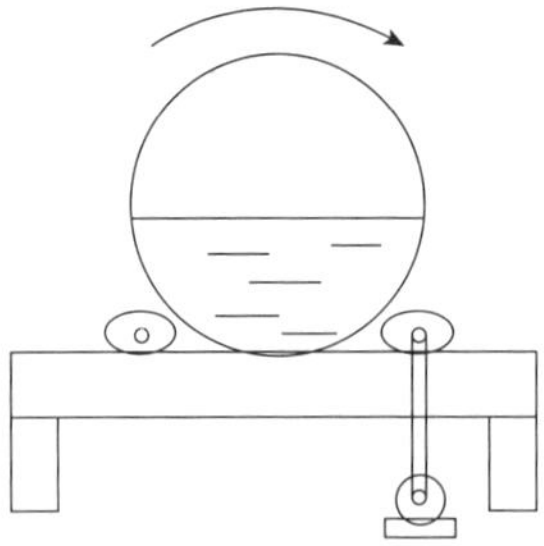

图 10.2　转鼓式生物反应器示意图

胞高密度的培养，已成功用于长春花、紫草细胞的大规模培养。

10.2.7　植物细胞固定化培养

10.2.7.1　固定化培养

细胞固定化（cell immobilization）是指将游离的细胞包埋在支持物内部或固定在支持物表面，培养液呈流动状态进行无菌培养。

与细胞悬浮培养相比，植物细胞固定化培养具有以下优点。

（1）细胞生长较为缓慢，利于次级代谢产物积累。固定化培养适合胞外分泌产物的制备。

（2）细胞经包埋后所受的剪切力损伤减小。

（3）利于进行连续培养和生物转化。

（4）黏度控制利于保持培养液流体性质。

10.2.7.2　植物细胞固定化方法

目前，常采用的固定化方法有：凝胶包埋、表面吸附、网格或泡沫材料固定、膜固定。经常采用的固定剂主要是一些多糖和多聚化合物等，如海藻酸盐、卡拉胶、琼脂、琼脂糖、角叉藻聚糖、明胶、聚丙酰胺等。按照胶体形成的方式可以将这些支持物分为以下三类。

（1）由带电多聚物的离子交联形成胶体，如海藻酸盐。

（2）由热的多聚物冷却形成胶体，如琼脂、琼脂糖。

（3）发生化学反应形成胶体，如聚丙酰胺。

1）海藻酸盐固定化

海藻酸盐是一种由古洛糖醛酸和甘露糖醛酸组成的多糖，在 Ca^{2+} 等多价阳离子的存在下，糖中的羧基和阳离子之间形成离子键，从而形成胶体。如果采用磷酸、柠檬酸、EDTA 等离子复合剂处理，又能使胶体溶解释放出细胞。

小规模固定化可用无菌的塑料注射器进行。具体步骤如下：配制一定浓度的海藻酸钠溶液，高温、高压灭菌。将离心收集的植物细胞悬浮液与海藻酸钠溶液混合，倒入塑料注射器中，然后慢慢滴入含有 $CaCl_2$ 的培养基中，不断搅拌，形成球形颗粒。过滤收集颗粒，用培养液清洗后进行培养。海藻酸盐固定化如图 10.3 所示。

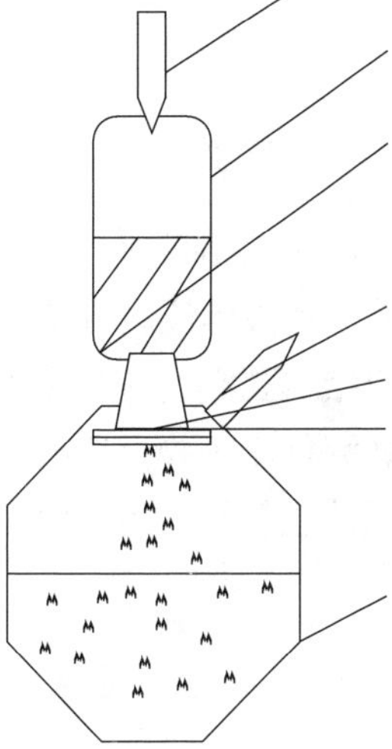

图 10.3 海藻酸盐固定化示意图

2）琼脂糖固定化

与海藻酸盐固定化等固定化方法相比，使用琼脂糖固定植物细胞最大的优点是不需要其他离子来保证胶的稳定性。主要方法有以下几种。

（1）凝块法：将细胞悬浮于经过灭菌处理的琼脂糖中，不断搅拌，待混合物凝结后，将包埋有细胞的琼脂糖凝块挤进无菌的金属网中，使其分散成小颗粒。清洗颗粒后转入适当的培养基中进行培养。

（2）模铸法：将细胞-琼脂糖的悬浮溶液注入由两块夹子夹紧构成的模子中形成颗粒。这种方法制备的颗粒为柱形颗粒。

（3）两相法：在搅拌下将细胞-琼脂糖溶液分散于无菌的豆油或石蜡油中，形成液滴后置于冰浴中冷却并不断搅拌使其凝固，离心除去油相和大部分溶液，直至无油为止。

10.2.7.3 固定化细胞的活力测定

1）染色法

二乙酸荧光素（FDA）染料能被活细胞吸收，酶解脱去乙酰基可使这种染料产生荧光。死亡的细胞没有这种现象。因此可以判定固定化后的细胞是否具有活性。

2）呼吸强度测定

采用氧电极法测定细胞的呼吸作用来表示细胞的存活率。

3）细胞生长和分解速率测定

细胞数量或重量的增加可以作为细胞活性的指标。由于植物细胞的聚集性特点，采用湿重法或干重法比较方便。

10.2.7.4 植物细胞固定化培养的生物反应器

各种细胞固定化培养的生物反应器共同特点是细胞固定、培养液循环流动，不同的是反应器的外观形式、细胞固定化方式和液体流动方式。

适合于植物细胞固定化培养的生物反应器主要有：流化床生物反应器、填充床生物反应器（图 10.4）和膜生物反应器。流化床生物反应器通过通入空气使固定化细胞悬浮于反应器中，优点是细胞包埋的颗粒小、传质效率高，缺点是剪切力或碰撞会破坏固定化的细胞。

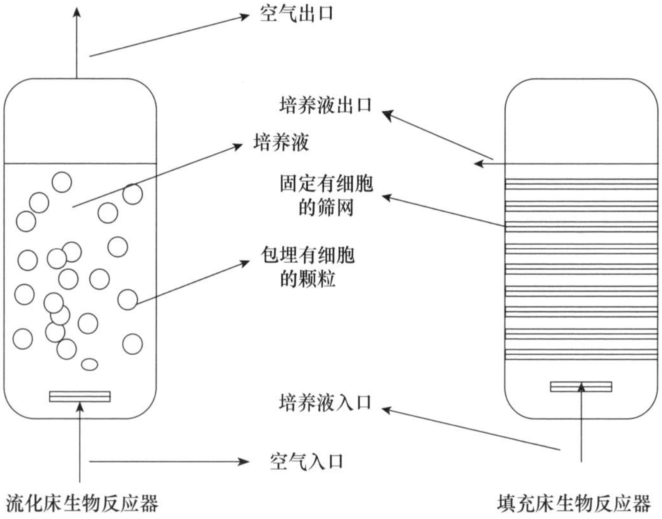

图 10.4 两种植物细胞固定化生物反应器

填充床生物反应器中，细胞固定在支持物内部或表面，细胞固定不动，通过流动的培养液实现混合和传质。优点在于单位体积容量大。缺点在于：①混合效率低、细胞颗粒大等原因易造成传质效率低；②固定床颗粒或支持物碎片会阻塞液体的流动；③用于固定的材料容易变形，导致填充床的阻塞。

10.2.8 植物细胞两相培养

两相培养（two-phase culture）是在培养体系中加入有机溶剂或者具有吸附作用的多聚化合物，细胞在水相中生长，合成次级代谢产物，分泌出来后转移至有机相中。这样不仅减少了产物的反馈抑制作用，从而提高产物含量，而且可以通过有机相的不断回收及循环使用，实现连续化培养与产物收获。建立植物细胞的两相培养系统必须满足以下条件。

（1）添加的有机物或多聚化合物对植物细胞无毒，不会影响细胞的生长与产物的合成。

（2）产物能较容易地溶解于有机相中或被多聚化合物吸附。

（3）两相之间分离容易。

（4）有机物或多聚化合物不能吸收培养基中的有效成分。

复　习　题

1．植物细胞培养最主要的用途体现在哪里？举例说明。

2．什么是两相培养技术？有什么优点？

3．植物细胞固定化生物反应器有什么特点？

扩展学习资料

黄艳，赵德修，吕东平，等．2001．搅拌式生物反应器培养水母雪莲细胞的研究．生物工程学报，17（5）：561-565

李雅丽，包金龙，杨英，等．2009．搅拌式生物反应器进行植物细胞培养常见问题分析．药物生物技术，16（5）：468-471

戚树源，林立东，梁世中，等．1997．10 升气升环流式生物反应器培养紫草细胞．热带亚热带植物学报，5（2）：80-84

王跃华，屈锡梅，任倩，等．2019．不同培养基对羌活植物细胞悬浮培养的影响．成都大学学报，38（3）：272-275

于荣敏，周良彬．2012．植物细胞培养技术新领域——植物干细胞培养．食品与药品，14（1）：52-55

第11章 植物代谢产物生产

11.1 植物代谢产物

初级代谢产物（primary metabolite）是通过初级代谢产生的维持细胞生命活动必需的物质，如氨基酸、核苷酸、多糖、脂类、维生素等。在不同种类的细胞中，初级代谢产物的种类基本相同。

次级代谢产物（secondary metabolite）是通过次级代谢合成的产物，大多是分子结构比较复杂的小分子化合物，如抗生素、激素、生物碱、毒素及维生素等。由于次级代谢产物大多具有生物活性，因此是植物代谢产物研究的重点。

11.1.1 植物代谢产物应用价值

1）药用代谢产物

药用代谢产物主要包括生物碱、萜类、甾醇、苷类、醌类、聚酮类等。例如，紫杉醇是一种用于卵巢癌、乳腺癌、肺癌的高效、低毒、广谱的抗癌药物。

2）食品添加剂

食品工业中，化学合成色素、甜味剂等越来越受到严格限制，可以采用植物来源的胡萝卜素、叶黄素、甜菜苷类红色素、甜菊苷、辣椒素等天然的食品添加剂。

3）杀虫剂、杀菌剂

利用植物生产的杀虫剂、杀菌剂种类较多。例如，从万寿菊细胞中可以制备杀虫物质 α- 三联噻吩；从葫芦巴（香草）静态培养物中能分离得到蓝鱼藤酮、粉红鱼藤酮等杀虫剂等。

4）饲料

蚕养殖需要专门的植物（如桑、蓖麻、榆等）做饲料，自然界这些原料来源容易受到季节、地域等条件限制。通过培养这些植物的细胞，再加入大豆粉、蔗糖、淀粉等制成饲料，就很好地解决了蚕饲养的饲料供给问题。

11.1.2 植物细胞或组织培养生产代谢产物的优势

通常植物代谢产物主要通过化学提取的方法制备。由于资源短缺和需求量增加，依靠提取途径制备植物代谢产物很难满足人类的需求。由于植物细胞与组织培养技术的发展，各种新型生物反应器的问世，使得利用生物反应器大量培养植物细胞或组织生产次级代谢产物成为有效途径。与植物栽培提取天然产物方法相比，其优点如下。

（1）减少耕地占用面积，不受季节、地域的限制。

（2）在无菌密闭条件下培养，可以排除病菌和害虫的影响。

（3）可以通过选择优良细胞系和优化培养条件的方法得到超越整株植物产量的代谢产物。

（4）通过改造生物合成途径可获得新的有用物质。

11.2　植物次级代谢产物的生物合成

植物次级代谢产物合成的基本途径包括甲羟戊酸途径、莽草酸途径、聚酮途径等。

11.2.1　甲羟戊酸途径

甲羟戊酸途径（mevalonate pathway，MVA）以乙酰辅酶 A（乙酰 CoA）为原料，经过甲羟戊酸合成异戊二烯焦磷酸和二甲烯丙基焦磷酸的一条代谢途径（图 11.1），在此基础上再合成萜类、甾体、蒽醌等产物。萜类是植物主要的次级代谢产物，基于甲羟戊酸途径的萜类生物合成如图 11.2 所示。

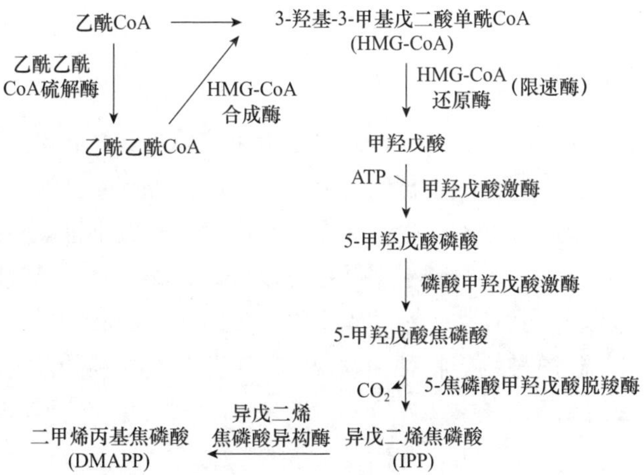

图 11.1　甲羟戊酸途径

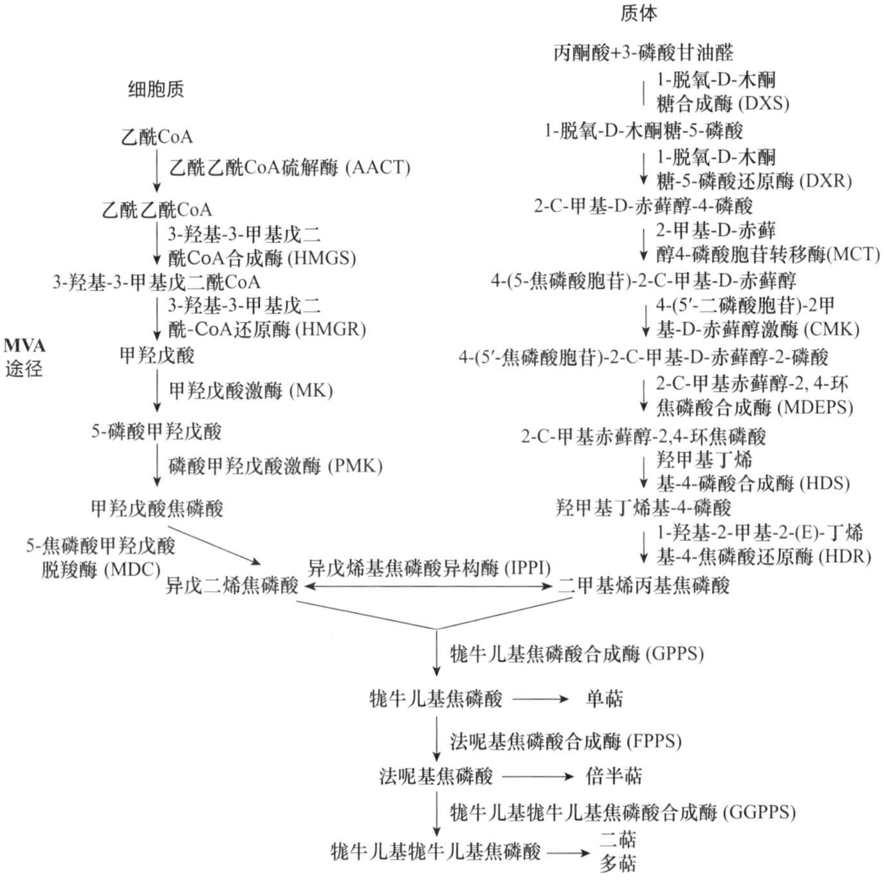

图 11.2 萜类生物合成

11.2.2 莽草酸途径

莽草酸途径（shikimic acid pathway）是指 4-磷酸赤藓糖和磷酸烯醇式丙酮酸化合后经几步反应生成莽草酸，再经过莽草酸生成芳香族氨基酸，进一步生成生物碱、类黄酮、香豆素等产物。生物碱是天然产物中种类丰富的一类次级代谢产物，具有多种生物活性。生物碱根据结构可以分为：喹啉类、异喹啉类、吡咯啶类、乌头类、吲哚类、大环类等。吲哚生物碱（indole alkaloid）在夹竹桃科植物（如长春花）、蓝果树科植物等物种中发现。基于莽草酸途径的苯丙酸类化合物生物合成如图 11.3 所示。

11.2.3 聚酮途径

聚酮途径（polyketide pathway）又称乙酸丙二酸途径，乙酰辅酶 A 通过

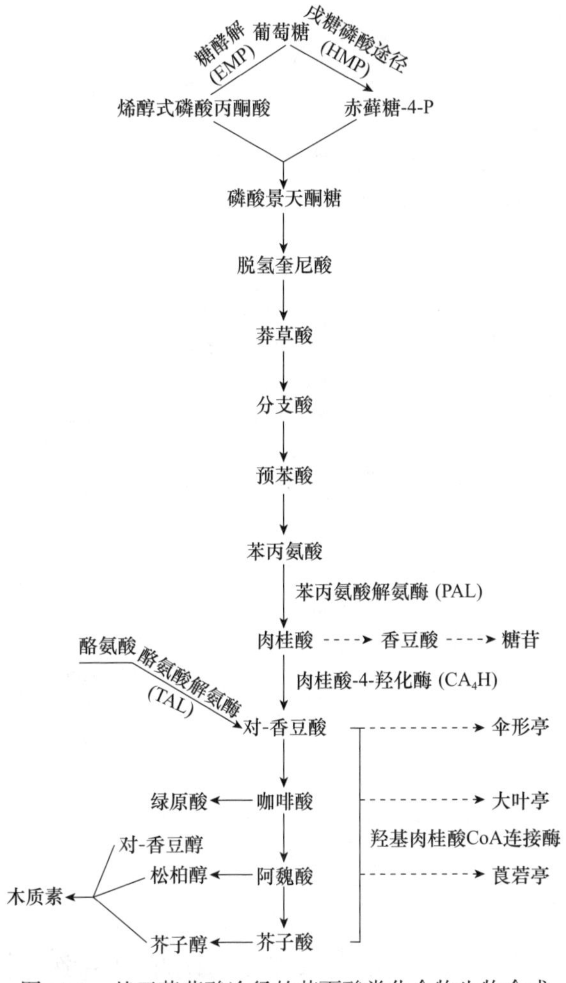

图 11.3　基于莽草酸途径的苯丙酸类化合物生物合成

直线式聚合生成脂肪酸和环状次级代谢产物。聚酮类化合物通常在聚酮合酶（polyketide synthase，PKS）催化下合成。按照蛋白质的结构可将聚酮合酶分为Ⅰ型、Ⅱ型、Ⅲ型。其中Ⅰ型、Ⅱ型多存在于微生物，Ⅲ型（查尔酮型）为多存在于植物或真菌。Ⅲ型聚酮合酶是植物聚酮类化合物合成途径的关键酶和限速酶，能够催化花青素、查尔酮、苯甲酮、吖啶酮、吡喃酮等含有黄酮类骨架结构的化合物的生物合成。植物聚酮类化合物主要包括酚类、芪类及类黄酮化合物等，在植物花色表现、防止紫外线伤害、预防病原菌和昆虫危害以及作为植物与环境互作信号分子方面行使着重要的生物学功能。以花青素为例，其生物合成途径如图 11.4 所示。

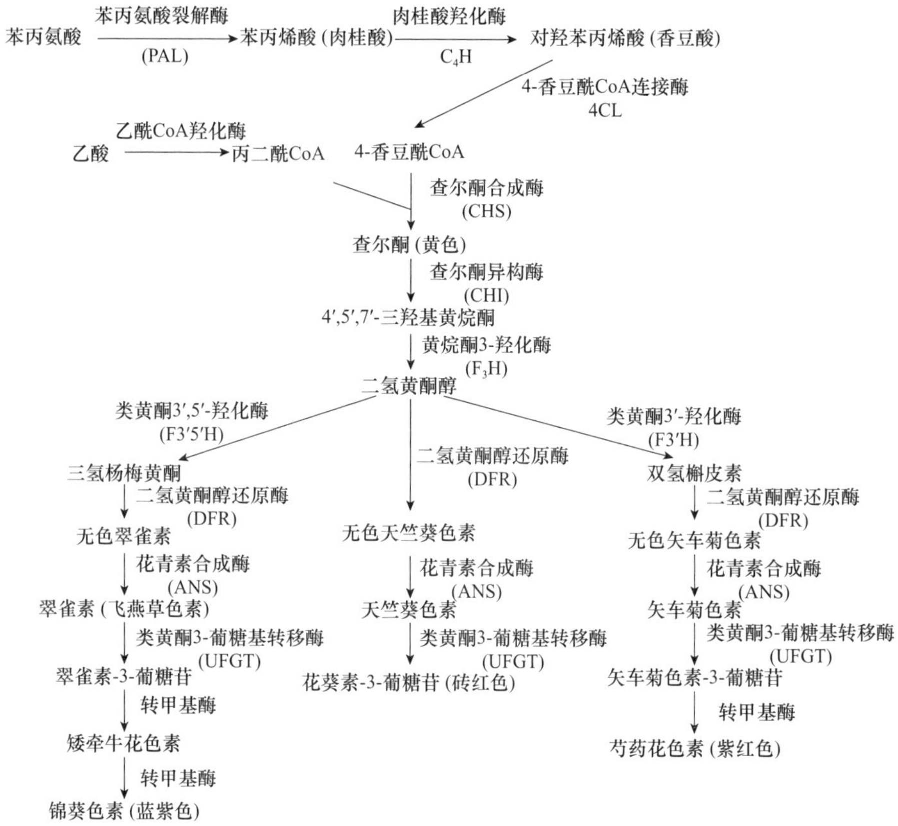

图 11.4　花青素生物合成途径

11.3　植物次级代谢产物的分离纯化

细胞培养结束后采用过滤或离心将细胞与培养液分离，目标次级代谢产物如果存在于细胞内，要经过细胞破碎后再分离提取；如果分泌到培养液中，则可以直接通过浓缩培养液后进行分离提取。

常用的分离提取方法包括经典方法和色谱分离方法。经典方法包括溶剂法、分馏法、沉淀法、升华法、膜分离法和结晶法等。色谱分离方法是目前使用最广泛的方法，包括薄层色谱和柱色谱两大类，后者适合分离大量的样品。用于色谱分离的固定相包括硅胶、氧化铝、聚酰胺、葡聚糖凝胶等。

植物次级代谢产物的萃取分离包括有机溶剂提取、水溶液提取。应该根据产物是水溶性还是脂溶性以及极性大小来选择合适的萃取剂。常用有机溶剂的极性强弱顺序如下：石油醚＜二硫化碳＜二氯甲烷＜氯仿＜乙醚＜乙酸乙酯＜

丙酮＜乙醇＜甲醇＜乙腈＜吡啶，其中使用最普遍的是石油醚、氯仿、乙醇、甲醇等。

萃取物一般通过减压浓缩获得浸膏，注意温度不能太高以免化合物失活。得到浸膏后一般通过凝胶柱层析根据分子质量大小不同进行分离，得到的混合组分再通过硅胶柱层析，采用不同极性的洗脱剂洗脱得到相应组分，期间通过薄层层析等检测组分组成，同时采用筛选模型进行生物活性跟踪检测。对于含有目标化合物的组分可以通过制备型高效液相色谱法（HPLC）等技术分离得到纯品，采用核磁共振（NMR）、液相色谱-质谱联用（LC-MS）等方法鉴定结构。如果数量足够则可以进行深入的活性和药理学研究。植物次级代谢产物分离及应用研究的基本流程如图 11.5 所示。

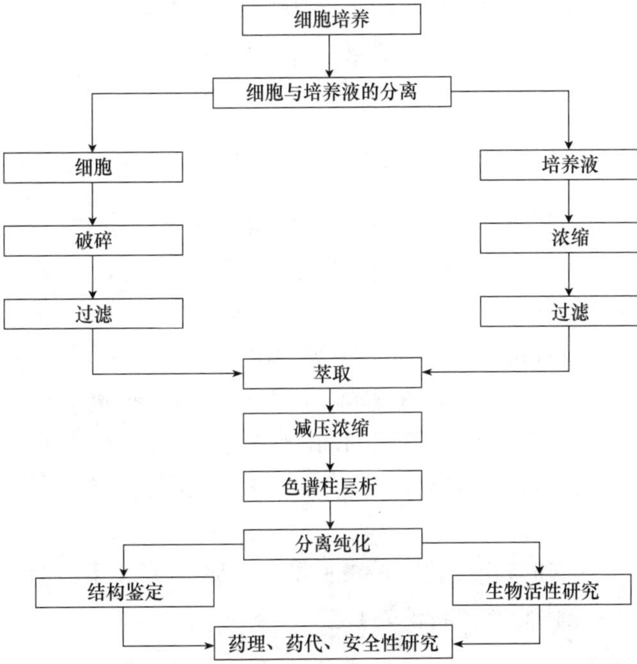

图 11.5　植物次级代谢产物分离的基本流程

11.4　植物细胞与毛状根培养生产次级代谢产物

11.4.1　植物细胞培养

11.4.1.1　代谢产物与细胞生长的关系

一般情况下，细胞代谢产物与细胞生长的关系有以下三种模式（图 11.6）。

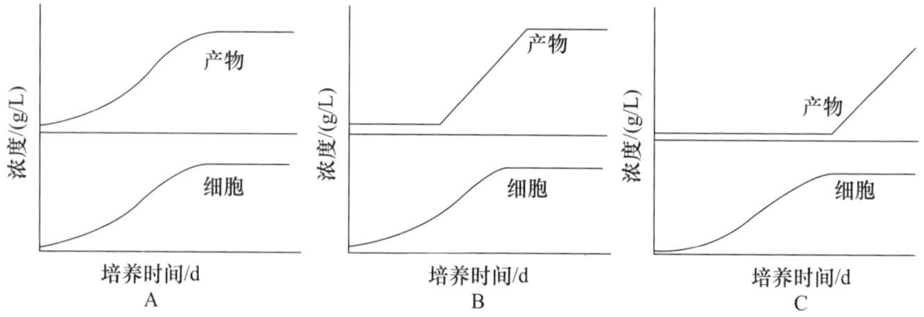

图 11.6 分批培养的细胞生长与代谢产物的关系（元英进，2004）

A. 生长偶联型；B. 中间型；C. 非生长偶联型

（1）生长偶联型：产物合成发生在细胞生长过程中，到达平台期后合成停止。

（2）非生长偶联型：产物合成出现在细胞生长平台期。

（3）中间型：产物合成出现在细胞生长旺盛阶段，在平台期也能合成，但是速度减缓。

11.4.1.2 植物细胞培养生产次级代谢产物

1973 年，日本古谷树里（Furuya）等通过培养人参细胞生产人参皂苷。1974 年，日本塔巴塔（Tabata）等成功从硬紫草诱导出愈伤组织，发现紫草愈伤组织培养能产生紫草根中的紫草素（shikonin）衍生物，揭开了利用植物细胞工程生产紫草素的帷幕。接着富吉塔（Fujita）等利用所获得的细胞系进行大规模生产紫草素的研究。1985 年，Tabata 在紫草（*Lithospermum erythrorhizon*）细胞工业化培养生产紫草素上取得成功，实现了植物细胞培养生产紫草素的产业化。随后，利用植物细胞培养生产紫杉醇、长春花新碱、黄酮类化合物等也取得了很大进展。

植物细胞培养基础与相关技术等参见第 2 章和 10 章。下面简单介绍一下植物细胞培养生产次级代谢产物的相关工艺。

1）流加培养

植物细胞培养生产次级代谢产物多采用流加培养工艺，添加的可以是限制性底物，也可以是代谢产物的前体物质或诱导子，提高细胞浓度与目标产物产量。流加可分为恒速流加和变速流加。从补加培养基的成分角度，又可分为单组分补料和多组分补料。

流加控制系统分为有反馈控制和无反馈控制两类。反馈控制系统由传感器、控制器和驱动器三个单元所组成。根据依据的指标不同，分为直接方法和间接方法。间接方法是以溶氧、pH、呼吸商、排气中 CO_2 分压及代谢产物浓度等作为控制参数。对间接方法来说，选择与过程直接相关的可检参数作为控制指标是关键。这需要详尽考查分批培养的生长曲线和动力学特性，获得各个参数之间的相互关系。为了改善培养液的营养条件和去除部分代谢产物，可采用半连续式培养，定时放出一部分培养液用于收获代谢产物，同时补充一部分新鲜营养液。这样可以维持一定的细胞生长速率，延长生产期，有利于提高产物产量，又可降低成本，但要注意杂菌污染等问题。

2）两步法培养

由于大多数植物次级代谢产物在生长停止后才大量合成，即属于非生长偶联型，植物细胞培养制备次级代谢产物一般采用**两步法培养**（two steps culture）工艺。

第一步采用利于细胞生长的培养基使细胞达到高浓度。

第二步更换为利于产物合成的培养基或者添加代谢产物的前体物质或诱导子促进产物合成。

紫草细胞培养生产紫草宁（shikonin）色素一般采用两步法（MG-5 培养基、M-9 培养基）生产工艺。第一步为细胞生长阶段，第二阶段是色素积累期。

11.4.2　毛状根培养

毛状根（hairy root）又名发状根，是植株或组织、器官受发根农杆菌感染后而形成的类似头发的根组织。

大多数植物次级代谢产物与细胞分化有关。离体培养的植物细胞存在不稳定、目标产物含量低、需要激素等不足。因此，分化程度较高、遗传更稳定的植物组织（如毛状根）培养在有价值次级代谢产物生产上具有极大的应用潜力。

11.4.2.1　毛状根诱导

毛状根是由发根农杆菌（*Agrobacterium rhizogenes*）含有的 Ri（root inducing）质粒引起的。Ri 质粒是位于发根农杆菌染色体之外的独立的双链环状 DNA，一般为 180～250kb，具有两个主要的功能区：T-DNA 区（transferred DNA region）和 *vir* 区（virulanee region）。

发根农杆菌诱导毛状根再生的原理是：T-DNA 上有生长素合成基因 *tms* 1 和 *tms* 2，指导吲哚乙酸（IAA）的合成，因此转化产生的毛状根在培养时不需要添加外源生长激素。Ri 质粒上 *vir* 区具有很高的保守性。*vir* 区基因在转化过程中虽然不发生转移，但是它对 T-DNA 的转移起着非常重要的作用。在通常状态下 *vir* 区的基因处于抑制状态，当发根农杆菌感染寄主植物时，受损伤的植物细胞合成的低分子苯酚化合物乙酰丁香酮使 *vir* 区处于抑制状态的基因被激活，产生一系列限制性核酸内切酶，在酶的切割下产生 T-DNA 链，T-DNA 进入植物细胞核内，整合进植物细胞的基因组。T-DNA 在植物细胞中得到转录和翻译，刺激植物细胞形成毛状根。

1）外植体接种法

取植物的叶片、茎段、叶柄等无菌外植体，与发根农杆菌共同培养 2～3d，将植物的外植体移到含有抗生素的选择培养基上进行培养，经过多次继代培养可产生毛状根。

2）茎秆接种法

植物种子消毒后，在合适的培养基上萌发，长出无菌苗。取茎尖继续培养，等无菌植株生长到一定时候，将植株的茎尖、叶片切去，剩下茎秆和根部，在茎秆上划出伤口，将发根农杆菌接种在伤口处和茎的顶部切口处，经过一段时间的培养，接种部位产生毛状根。

3）原生质体-农杆菌共培养法

将原生质体培养 3～5d 后，加入发根农杆菌进行共培养，然后借助转化后的细胞激素自养型特性或 T-DNA 上的抗生素标记筛选出转化成功的细胞，分裂形成愈伤组织，在无激素培养基上可产生毛状根。

11.4.2.2 毛状根培养的生物反应器

毛状根外形像毛发，容易交织缠绕。该特点决定了用于毛状根培养的生物反应器需要特殊设计。例如，反应器的内部需要特殊设计满足毛状根空间分布的均匀性问题，同时也要提供合适的培养液循环与气体供给方式才能满足毛状根对营养和气体的需求，还要考虑接种、取样、收获等问题。目前利用超声雾化生物反应器进行毛状根培养取得了一定效果。超声雾化生物反应器主要分为以下两类。

（1）雾化设备与培养装置一体化设计：在培养液上设置单层板，距离液面较近，雾化后的营养雾能快速地与培养物接触。此类反应器的起雾高度低，难以进行较大规模培养，反应器的空间利用率低。

（2）雾化设备与培养装置分开设计：利用气体将营养雾从雾化装置带入培养装置。该类型生物反应器结构较复杂，而且存在营养雾的损失问题。

11.4.2.3 毛状根培养生产次级代谢产物

毛状根培养生产药用成分已经显示出极大的应用潜力。目前已有数百种植物感染 Ri 质粒后产生毛状根。成功的例子有：培养长春花毛状根生产长春花碱、紫草毛状根生产紫草宁、人参毛状根生产人参皂苷等。

毛状根培养具有以下优点。

（1）由 Ri 质粒转化的毛状根生长快，为激素自养型，在培养时不需要添加外源激素，易于培养。

（2）毛状根分化程度高，产生次级代谢产物能力强，能大量合成某些悬浮培养的细胞不能或者很少合成的次级代谢产物。

（3）通过 T-DNA 改造，易于采用基因工程途径提高次级代谢产物产量。

长春花是一种重要的药用植物，含有长春花碱、长春花新碱等多种生物碱，利用发根农杆菌侵染长春花不同外植体获得毛状根，发现毛状根中生物碱的含量远高于原植株根、茎、叶、愈伤组织中的含量。

11.5　植物次级代谢产物生产的影响因素

植物细胞大规模悬浮培养为生产有用代谢产物提供了有效途径，但是由于植物细胞固有的容易积聚、细胞分化、对剪切力敏感、代谢产物产生与细胞生长大多不一致以及代谢途径的复杂性等特点使大规模培养受到限制。迄今为止，只有紫草宁、迷迭香宁酸、肉桂酰丁二胺等通过植物细胞培养实现了大规模制备。

11.5.1　遗传特性

理论上，所有植物细胞都具有全部遗传信息，单个细胞具有产生其亲本植株所能产生的次级代谢产物的遗传基础。但是实际上，不同取材部位的细胞产生次级代谢产物的能力是不同的，一些代谢产物积累与组织或器官的分化有关。因此细胞并不能像完整植株的某一部位一样高效合成所需的目的产物。因此，在进行植物细胞培养生产有价值的代谢产物时必须清楚产物的合成部位。在注意完整植物的遗传性状的同时，还应该考虑到不同细胞的特性。要进行具有经济可行的细胞培养生产目标代谢产物，首先必须选出能够以较高产量产生所需产物而且能够快速生长的细胞株。

11.5.2　培养条件

影响植物细胞培养生产次级代谢产物的培养条件是非常复杂的，主要包括：培养基、前体和调节因子、光照、温度、搅拌与混合、通气、pH 等。

1）培养基、前体和调节因子

培养基一方面保证植物细胞生物量的增长，另一方面要保证细胞合成和积累次级代谢产物。普通培养基一般仅能满足第一方面的需要。对于第二方面的需求，必须针对具体的培养目的对培养基进行优化，从而保证最大限度地积聚代谢产物。

在培养基中加入外源前体将会有助于合成目标代谢产物。例如，在紫草细胞培养基中加入L-苯丙氨酸可使右旋紫草素产量增加3倍。但同样的前体在细胞的不同生长时期加入，对细胞次级代谢产物合成的作用也不相同，有时甚至还起抑制作用。例如，在洋紫苏细胞的培养中，如果一开始就加入色胺，无论对细胞生长和生物碱的合成都起抑制作用，但在培养的第二周或第三周加入色胺则能刺激细胞的生长和生物碱的合成。

在植物细胞培养过程中，生长调节因子的种类或数量不仅会影响细胞的生长与分化，而且对次级代谢产物的合成起着非常重要的作用。

2）光照

光照对植物次级代谢产物的生物合成有很重要的影响。光照时间长短、光质、光强等都会对代谢产物合成和积聚产生作用。例如，黄酮及黄酮类醇糖苷合成相关的酶活性增加是在培养物受光照，特别是紫外光照射下发生的。

3）pH

对培养液pH进行控制将有利于次级代谢产物的生成。例如，将甘薯的细胞培养液pH稳定在6.3以下，其次级代谢产物的产量比不控制pH时高。

4）流体性质

培养液黏度变化可以由细胞本身或其分泌物等引起。前者包括细胞浓度、年龄、大小、结团情况等。由于植物细胞在培养过程中易结团，同时不少细胞在培养过程中容易分泌黏多糖等物质，细胞会经常黏附于培养容器或反应器的内表面或者挡板、电极表面上。黏附细胞不容易去除，可以在容易黏附细胞的物体表面涂以硅油等消除或降低黏附现象。

5）通气

植物细胞是好气的，需要连续不断地供氧。植物细胞对培养液中氧的浓度非常敏感，过高或过低都会对培养过程产生不良影响。因此，大规模培养植物细胞对氧的供给和尾气氧的监测十分重要，需要严格控制溶解氧的水平。通常用体积氧传递系数（$k_L\alpha$）来表示氧的传递情况。氧的传递与通气速率、培养液混合程度、培养液流变特性、气液界面面积等因素有关；氧的吸收与生物反应器类型、细胞生长速率、温度、pH、营养组成、细胞浓度等相关。CO_2含量水平对于细胞或毛状根培养也相当重要，只有在氧气与CO_2的浓度达到某一平衡状态时，细胞才能很好地生长。而且CO_2与培养液的pH密切相关，可以通入一定量的CO_2来维持一定的pH或与氧气达到平衡状态。

与微生物培养相比，植物细胞培养过程中产生的气泡更大，细胞很容易被包埋在泡沫里而从循环的培养液中带出来，可以借鉴微生物培养的消泡方法对泡沫进行消除。

11.5.3　放大培养过程中的影响因素

植物细胞或毛状根在放大培养时，与实验室摇瓶培养或小型生物反应器培养相比，次级代谢产物合成能力会降低许多，这可能是由以下因素引起的。

（1）通气和搅拌引起的流体压力易造成细胞损伤、有益气体散失、大量泡沫生成等，这些均会对细胞生长和产物积累产生影响。

（2）高密度引起培养液黏度增加，造成对营养吸收、气体传递的抑制。

（3）生物反应器结构缺陷（如死角等）导致细胞黏附，引起细胞死亡、腐败，以及营养和气体吸收限制等。

（4）对产物生物合成机制、途径等不了解，很难维持最佳培养条件。

11.6　提高植物次级代谢产物产量的策略

11.6.1　诱导子策略

诱导子（elicitor）是指对目标产物起促进作用的因子，包括狭义诱导子和广义诱导子两类。从来源上诱导子可以分为外源性诱导子和内源性诱导子，后者主要是指来自植物细胞的分子，从性质上可分为生物诱导子和非生物诱导子。

（1）狭义诱导子是指那些能够与细胞发生相互作用，通过细胞内一系列的信号转导过程，作用于与细胞次级代谢相关的基因表达，进而改变细胞次级代谢相关酶的活力，最终使细胞次级代谢水平发生改变的物质。

（2）广义诱导子是指能够提高细胞次级代谢相关酶活力，进而提高细胞次级代谢水平的外界因素。温度、光照、紫外线、红外线等都是广义诱导子。

（3）非生物诱导子是指能引起诱导作用的紫外线、辐射、冻融等物理因子和乙烯、氯仿、重金属盐类等化学因子。目前研究较多的化学诱导子有茉莉酮酸、花生四烯酸、水杨酸等。

（4）生物诱导子多指来源于微生物或动物、植物的生物诱导子，如多糖类、糖蛋白类、多肽类、不饱和脂肪酸类。

某些诱导子能有效地调控植物细胞次级代谢产物的合成和分泌。例如，真菌诱导子（尖孢镰刀菌的细胞壁组分粗提物）在南方红豆杉细胞悬浮培养的过程中能够在短时间内激发细胞的防御性应答，通过提高代谢途径中 *PAL* 基因的活性，促进紫杉醇的积累；利用 β-氨基丁酸（BABA）诱导丹参毛状根，可以促进毛状根中隐丹参酮、丹参酮Ⅰ、丹参酮ⅡA 的积累；β-氨基丁酸可与酵母提取物（YE）协同作用，共同促进丹参酮的合成。在培养基中添加 0.1mg/mL 的酵母提取物，人参毛状根中总皂苷的含量可提高 57%，培养基中总皂苷含量也有相应的提高，说明酵母提取物既能促进人参毛状根中皂苷的积累，也能促进人参皂苷的外排。

11.6.2 基因工程策略

随着分子生物学技术的飞速发展，目前已有多种次级代谢产物的合成途径被解析，如青蒿素、丹参、紫杉醇等。在植物中过表达一个合成途径中的关键酶基因已成为提高有效次级代谢产物含量的有效策略。例如，在人参不定根中过表达人参鲨烯合酶基因 *PgSS1* 可激活人参皂苷下游合成途径中 *SE*、*bAS*、*CAS* 的表达，从而促进甾醇的合成及人参皂苷 Rb1、Rb2、Rc、Rd、Re、Rf 和 Rg1 的积累。通过基因工程策略，在丹参毛状根中过表达牻牛儿基牻牛儿基焦磷酸合成酶（SmGGPPS）可显著提高丹参酮的含量，将 SmGGPPS 和 SmDXS2 共同导入丹参可更显著促进丹参酮的积累。利用根癌农杆菌介导的遗传转化技术将长春花中的异胡豆苷合成酶基因（*CrSTR*）和色氨酸脱羧酶基因（*CrTDC*）共同转化长春花悬浮细胞，不仅合成途径中相应酶的表达上升，且转基因细胞中异胡豆苷、色胺及多种生物碱的含量均有一定程度的提高。由此可见，利用基因工程策略大幅度提高植物中特定有效成分的含量是切实可行的，具有重要的应用前景。

11.6.3 基因工程结合诱导子策略

研究发现，在丹参毛状根中同时过表达 *SmHMGR* 和 *SmDXR* 基因，可显著提高丹参酮的含量；用甲基茉莉酸（MeJA）、水杨酸（SA）诱导处理过表达 *SmGGPPS* 基因的丹参毛状根 G50 株系，毛状根中总丹参酮明显积累，定量 PCR 分析表明其是通过影响丹参酮生物合成途径中 *SmGGPPS*、*SmCPS*、*SmKSL* 等关键酶基因的表达，从而促进毛状根中总丹参酮的积累。由此可见，诱导子结合基因工程策略是促进次级代谢产物积累的有效方式之一。

11.6.4 转录调控策略

随着高通量测序和现代分子生物学技术的发展，调控次级代谢产物生物合成途径关键酶基因表达的相关转录因子也逐渐被发掘。植物中常见的转录因子家族包括 WRKY 家族、MYB 家族、AP2/ERF 家族、bHLH 家族等，它们通过调控生物合成途径中关键酶基因的表达而介导不同的信号通路，最终调控次级代谢产物的生成合成。例如，长春花 *CrWRKY1* 转录因子通过与多个转录因子如 *ORCA2*、*ORCA3* 及 *CrMYC2* 之间的相互作用来调节次级代谢产物合成途径中关键酶基因的表达，从而调控长春花中萜类吲哚生物碱的合成。丹参中的 bHLH 家族转录

因子 *SmMYC2a* 和 *SmMYC2b* 能调控丹参酮代谢通路中 *SmCPS*、*SmKSL*、*SmDXR* 等关键酶基因的表达。miRNA 是在真核生物中发现的一类内源性具有调控功能的非编码 RNA，其大小为 19～25 个核苷酸。它们通过碱基互补配对的方式识别靶 mRNA，在植物生长发育的过程中发挥重要作用。

复　习　题

1．举一个代谢产物的例子说明其怎样受影响因素调控的。

2．查阅文献，以一个例子分析利用植物细胞培养生产次级代谢产物的工艺技术。

3．查阅文献，举例说明毛状根培养在植物代谢产物生产中的应用。

4．查阅文献，通过例子对比植物细胞、组织培养生产次级代谢产物的优势。

扩展学习资料

戴艺．2018．利用植物细胞培养方法生产花青素的研究现状．农村科学实验，(9)：56-57

方德秋，侯嵩生，李新明，等．1994．pH 值、激素对新疆紫草悬浮培养细胞生长及紫草宁衍生物合成的影响．武汉植物学研究，12 (2)：159-164

郭成栓，欧阳蒲月，杜敏．2010．培养条件对植物细胞培养生产花青素影响的研究进展．安徽农业科学，38 (12)：6109-6111

匡雪君，王彩霞，邹丽秋，等．2016．紫杉醇生物合成途径及合成生物学研究进展．中国中药杂志，41 (22)：4144-4149

孙敏，曾建军．2005．长春花毛状根培养及抗癌生物碱产生的研究．中国中药杂志，30 (10)：741-743，755

Georgiev MI, Weber J, Maciuk A, et al. 2009. Bioprocessing of plant cell cultures for mass production of targeted compounds. Applied Microbiology and Biotechnology, 83: 809-823

Kai GY, Xu H, Zhou CC, et al. 2011. Metabolic engineering tanshinone biosynthetic pathway in *Salvia miltiorrhiza* hairy root cultures. Metab Eng, 13: 319-327

Rao SR, Ravishankar GA. 2002. Plant cell cultures: chemical factories of secondary metabolites. Biotechnology Advances, 20: 101-153

第三篇

动物细胞工程

第12章 胚胎分割与嵌合动物

12.1 胚 胎 工 程

胚胎工程（embryo engineering）主要是对哺乳动物的早期胚胎进行工程技术操作，然后让其继续发育，获得所需成体动物的技术。

胚胎工程涵盖了对动物早期胚胎或配子所进行的多种显微操作和处理技术，主要包括体外受精、胚胎移植、胚胎分割、胚胎嵌合、胚胎与配子冷冻保存、胚胎干细胞培养等技术。

12.2 胚 胎 分 割

胚胎分割（embryo bisection）是指借助显微操作仪切割早期胚胎成多等份，再移植到受体，从而培育出同卵后代的技术。

胚胎分割是一种广义上的动物克隆技术，可以产生遗传性状相同的后代，这对畜牧业生产和基础研究有着重要意义。1970年，穆勒恩（Mullen）等将小鼠2细胞卵裂球分离、培养、移植，培育出了同卵双生小鼠。

12.2.1 机械分割法

在显微操作仪下，一个臂固定吸住胚胎，另一个臂用显微玻璃针摘除透明带，然后对裸露的胚胎进行切割，或者用显微手术刀直接将胚胎分割成2分胚胎、4分胚胎等（图12.1）。

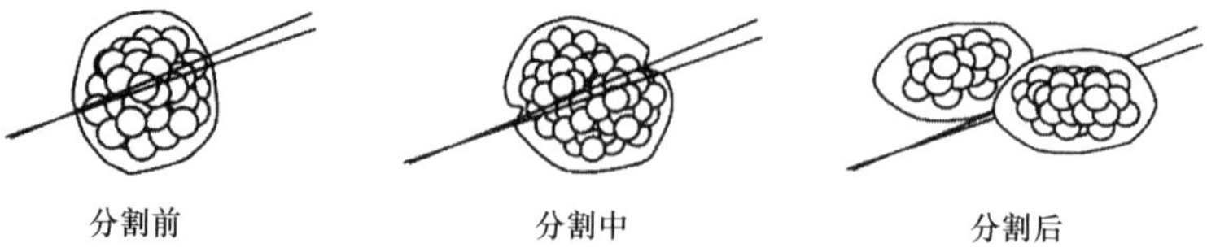

图12.1 玻璃针分割胚胎示意图（王蒂，2003）

12.2.2　酶解-机械分割法

将胚胎用 0.2%～0.5% 的链霉蛋白酶-Hanks 溶液孵育，用机械法剔除透明带得到裸露的胚胎，然后再用显微手术刀进行胚胎分割；也可以在用酶软化透明带的基础上，用一只玻璃管除去外层透明带，然后用显微手术刀直接将胚胎分割。

12.3　胚 胎 嵌 合

12.3.1　定义

嵌合体（chimera）动物是指由 2 个或 2 个以上遗传特性不同的受精卵发育而成的个体。不同遗传特性的卵裂球组合到一起共同形成一种组织或一个器官，并保留各自原有的遗传特性。自然个体发生过程中，由于细胞的基因突变也可形成不同细胞相嵌的组织或器官，习惯上被称为**镶嵌体**（mosaic）。

第一个获得的嵌合体动物是 1961 年塔可夫斯基（Tarkowski）培育的小鼠嵌合体。20 世纪 70 年代，人们获得了绵羊、大鼠、兔等动物的嵌合体。80 年代，获得了大鼠-小鼠、绵羊-山羊、马-斑马、黄牛-水牛等属间嵌合体动物。

利用种间动物胚胎融合培育嵌合体新品种可以克服动物种间杂交的繁殖障碍。通过培育含有人类细胞的动物，有望为人类器官异种移植提供材料来源。随着胚胎干细胞和转基因技术的发展，嵌合体技术也成为研究哺乳动物发育、细胞分化、基因表达和调控的重要途径。

12.3.2　嵌合体动物培育

12.3.2.1　聚合法

聚合法（aggregation）：将两个或多个去除透明带的早期胚胎聚合在一起，培养形成嵌合胚胎的方法。一般使用 8 细胞后期至桑椹期胚胎，去除透明带后，将两枚或多枚胚胎的卵裂球聚合在一起培养形成一个新的胚胎，经代孕受体孕育形成新的个体。

12.3.2.2　囊胚注射法

囊胚注射法（blastocyst injection）：将不同来源的卵裂球、胚胎干细胞或内细胞团注射到另一个胚胎的囊胚腔中形成嵌合胚（图 12.2）。该方法操作比较复杂，需要借助显微操作系统才能完成，但在研究细胞分化、肿瘤细胞的发生和分化等方面具有优势。

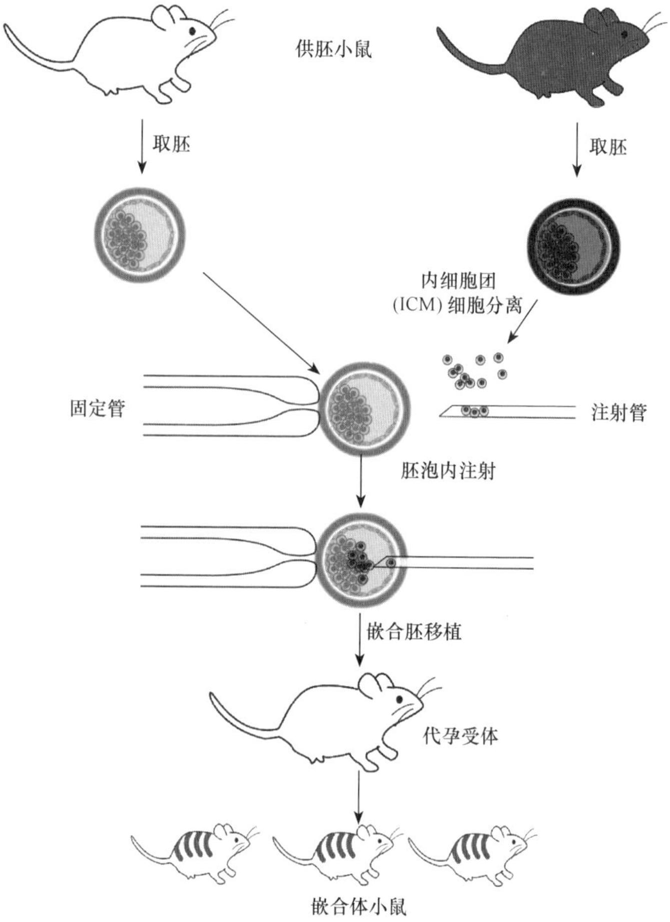

图 12.2 囊胚注射法制备嵌合体小鼠示意图

子代是否形成嵌合体需要进行鉴定。简单的方法包括通过毛色和色素分析进行鉴定；也可以经遗传标志分析进一步判定，如葡萄糖磷酸异构酶分析、微卫星 DNA 分析、单核苷酸多态性分析等。

12.4 胚胎冷冻保存

胚胎保存分为短期临时保存和长期冷冻保存两种。动物早期胚胎在 0～4℃条件下会暂时停止发育，因此胚胎可以在 0～4℃低温情况下保存 2～3d；也可将动物早期胚胎放入含有 20% 血清的磷酸盐缓冲液（PBS）中 37℃恒温保存 2d。

20 世纪 50 年代，史密斯（Smith）用甘油成功地保存了兔胚胎；1971 年，惠廷厄姆（Whittingham）用慢速冷冻保存小鼠胚胎获得成功，并于 1972 年报道小鼠冻融胚胎妊娠成功，产出鼠仔。1978 年，维拉德森（Willadsen）建立了快速冷冻方法。1983 年，澳大利亚冻融人胚胎移植妊娠成功。1985 年，偌尔（Rall）和佛莱（Fahy）用二甲基亚砜、乙酰胺、丙二醇、聚乙二醇组成玻璃化溶液一步冻存胚胎，获得了 87.5% 的冻后发育率。

12.4.1.1　冷冻保护剂

胚胎冷冻过程的关键是减少细胞内冰晶对胚胎的损伤。加入冷冻保护剂能避免冰晶的形成。常用的保护剂如下。

1）渗透型冷冻保护剂

渗透型冷冻保护剂属于细胞内液冷冻保护剂，一般为小分子物质，在 0℃以上很容易通过细胞膜进入细胞质。在进行胚胎冷冻时，如果加入该保护剂，则水分子从细胞内渗出，减少了细胞内冰晶的形成；同时保护剂与水分子结合形成氢键，降低了冻结部分的电解质浓度，从而减少了冷冻过程对细胞的损伤。常见的渗透型冷冻保护剂有甘油、二甲基亚砜（DMSO）、丙二醇和乙二醇等。

2）非渗透型冷冻保护剂

非渗透型冷冻保护剂属于细胞外液冷冻保护剂，又称为细胞外冷冻保护剂，一般为高分子物质，能够溶解于水，但不能进入细胞。非渗透型冷冻保护剂主要通过改变渗透压引起细胞脱水，发挥非特异性保护作用。常见的非渗透型冷冻保护剂有单糖（如葡萄糖）、二糖（如蔗糖）、三糖（如棉子糖）、聚乙烯吡咯烷酮、白蛋白等。

3）抗冻蛋白

抗冻蛋白（antifreeze protein，AFP）是在耐寒鱼类或昆虫等动物中发现的一种具有特殊功能的蛋白质，在低温（4℃）和超低温（−168～−130℃）下可以与细胞膜相互作用而保护细胞。抗冻蛋白能够抑制细胞内冰晶的形成，增强生物体抵御寒冷的能力。

冷冻保护剂常用 pH7.2～7.4 的 PBS 来配制，也可用生理盐水来配制。在实际应用中，缓慢冷冻法经常只使用一种冷冻保护剂，如甘油或乙二醇或丙二醇。玻璃化冷冻常应用多种冷冻保护剂，如甘油和丙二醇，甘油和乙二醇或者乙二醇和丙二醇，再加入葡萄糖、蔗糖或半乳糖。甘油可调节细胞脱水情况并保护蛋白质结构，但其本身并不能保持细胞膜结构，而且在高浓度和高温下可以诱发膜融合，因此解冻后需尽快除去甘油。

12.4.1.2　冷冻方法

将需要保存的胚胎装入特制的细管中放入液氮中保存是最常用的保存方法。

用于胚胎冷冻的细管与装管方法见图 12.3。先将要冷冻的胚胎放入 20℃的平衡液中脱水 7min，将细管有棉塞的一端插入装管器，将无塞端伸入保护液中，吸取一定量的保护液后移入一小段气泡（约 10μL），然后吸入胚胎和冷冻保护剂，吸取约 10μL 的气泡，再吸取冷冻保护剂，然后封管。封管时可直接采用热合、塑料珠、明胶等方法。为避免在冷冻和解冻过程中热胀冷缩引起细管破裂，在密封时尤其要注意棉塞与液体间要有小的空隙，不能接触。

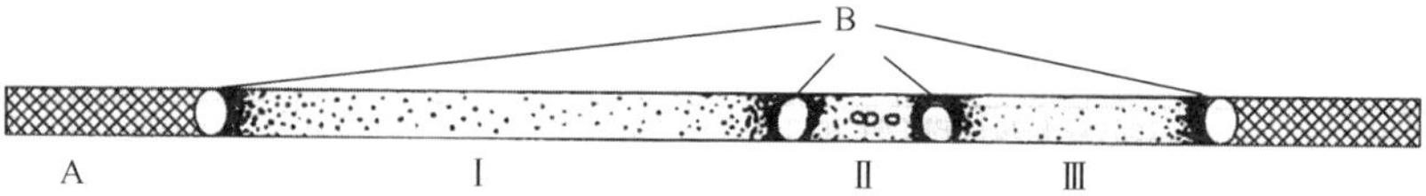

图 12.3　胚胎冷冻细管与装管方法（李青旺，2005）

A. 棉塞；B. 气泡；Ⅰ、Ⅲ. 冷冻保护剂；Ⅱ. 含胚胎段

根据冷冻速度不同可以分为缓慢冷冻法、快速冷冻法、玻璃化冷冻法。缓慢冷冻法是最早建立起来的一种哺乳动物胚胎冷冻方法，比较费时，保护剂对胚胎作用时间较长、毒性大。快速冷冻法由于降温速度较快，胚胎脱水不充分，冷冻后细胞内外都有冰晶形成，从而对胚胎造成的机械损伤很大。这两种方法目前已较少应用，比较常用的方法是玻璃化冷冻法。

玻璃化冷冻法的基本原理是将高浓度的冷冻保护剂在超低温环境下凝固，形成不规则的玻璃样固体，保存了液态时正常分子和离子分布，因而在细胞内发生玻璃化时能起到保护作用。所保存细胞在冷冻保护剂中脱水到一定程度后，发生内源性胞质大分子如蛋白质及渗透到胞内的冷冻保护剂浓缩，从而使细胞在剧烈的快速降温中得到保护。

玻璃化冷冻法不需要专门仪器，加入高浓度的冷冻保护剂急速冷冻，由液体转化成透明胶状固体。玻璃化冷冻保护剂组成一般为：20.5% 的 DMSO、15.5% 乙酰胺、10% 丙二醇和 6% 乙二醇。玻璃化冷冻法简化了胚胎冷冻操作程序，具有快速、简单、高效的特点，且不需要复杂昂贵的冷冻仪器，在生产上易于推广应用。其一般步骤如下。

（1）将胚胎在含 20% 小牛血清的 PBS 中洗涤 2 次。

（2）将洗涤过的胚胎在室温条件下加入含 1.4mol/L 甘油和 20% 小牛血清的 PBS 冷冻保护剂中平衡 10min。

（3）将胚胎转移到冷冻保护剂中，立即装入胚胎冷冻细管。

（4）将细管在液氮罐颈部预冷 5min 后投入液氮中保存。

（5）解冻时，从液氮中取出细管，在空气中平衡 7s，迅速投入 20℃温水中，摇动细管使其解冻均匀。

（6）将解冻后的胚胎移入含1.0mol/L蔗糖和20%小牛血清的PBS中平衡10min，除去冷冻保护剂；再用含20%小牛血清的PBS洗涤2次后用于移植。

12.5 配子保存

12.5.1 精子保存

精液保存是体外受精、人工授精培育动物的一个关键技术。精液可采用低温保存（0～5℃）和冷冻保存（−79℃、−196℃）两种方法保存。

1）低温保存

在抗冷剂保护下，降温至0～5℃保存，利用低温抑制精子活动，降低能量消耗，抑制微生物生长。可通过加入卵黄、奶类等抗冷休克物质避免产生不可逆的冷休克现象发生。

2）冷冻保存

将精液在−79℃干冰或者−196℃液氮中保存，是目前精液保存使用最广泛的一种技术。在超低温条件下，精子的代谢活动完全被抑制，处于静止状态，一旦升温又能恢复受精能力。为了保证冷冻精子在解冻后仍具有较高的活力，必须克服冷冻、解冻处理对精子形态或生理、生化和功能上的损害。冷冻保存的关键是选择合适的稀释液和冷冻保护剂。

12.5.2 卵母细胞保存

卵母细胞冷冻保存比精子和胚胎困难。冷冻后卵母细胞的线粒体、微管、囊泡等亚细胞结构会受到损伤，冷冻保护剂也会促使透明带过早硬化。如果冷冻造成了卵母细胞亚细胞结构的损伤，会影响到卵母细胞复苏后的质量。

借鉴胚胎冷冻方法，卵母细胞冷冻保存技术得以建立。1986年人的成熟卵母细胞冷冻获得成功。1992年日本将冷冻的牛成熟卵母细胞体外受精成功获得牛犊。

玻璃化冷冻法是使用比较广泛的卵母细胞冷冻保存方法，所用的冷冻保护剂浓度较高。在超低温环境下，冷冻保护剂凝固成无规则的玻璃样固体，卵母细胞在这种冷冻保护液中脱水至一定程度后，在冷冻过程中发生胞内玻璃化，从而使卵母细胞得到保护。玻璃化冷冻法多采用两步法，首先将卵母细胞移入低浓度的冷冻保护剂中，室温下平衡3～5min，再移入较高浓度冷冻保护剂中，立即装管，经液氮熏蒸1～2min或不熏蒸直接投入液氮内。

复 习 题

1．胚胎分割繁殖动物有什么优势？

2．举例说明胚胎嵌合培育新品种的意义。

3．构建胚胎库、配子库对于动物繁殖与保护有怎样的意义？

扩展学习资料

安德科，谢荣清．2015．牛胚胎分割技术的研究进展．草业与畜牧，(2)：5-7

牛华锋，张振仓，张君慧．2005．动物胚胎工程技术研究进展．畜牧兽医杂志，24(6)：24-26

王颖，任吉龙，宋玉然，等．2016．不同培养体系对鼠-猪异种嵌合胚胎发育和嵌合能力的比较．生物工程学报，32(7)：975-985

第13章 体外受精与核移植动物

13.1 体外受精动物

体外受精（*in vitro* fertilization，IVF）是指将哺乳动物的精子和卵细胞在体外人工控制的环境中完成受精过程的技术。

体外受精动物（*in vitro* fertilized animal）也称试管动物（test-tube animal），是指将供体的精子和卵细胞在体外受精，胚胎体外培养并发育到一定阶段通过胚胎移植移入受体，完成发育出生的动物。体外受精动物在发挥优良母畜的繁殖潜力、促进家畜改良的速度、保存遗传资源等方面具有重要意义。

体外受精动物培育一般经过以下几个步骤。

（1）精子采集与体外获能，卵细胞采集与成熟培养。

（2）体外受精。

（3）重组胚激活与体外培养。

（4）胚胎移植。

（5）体内发育、出生。

13.1.1 精子采集与体外获能

精子的选择常采用“上浮分离法”，在精液中加入少量培养液，有活力的精子会游到培养液上部。这样收集培养液上部的精子即可得到有活力的精子。

精子获能（sperm capacitation）是指精子获得穿透卵细胞透明带能力的过程。雄性精液中含有“去能因子”（大多是糖蛋白），附在精子表面，是顶体酶的抑制剂，抑制了精子的受精能力。去能因子的清除主要依靠宫颈、子宫及输卵管液中的β-淀粉酶、胰蛋白酶、β-葡糖苷酶及唾液酸酶，唾液酸酶在卵泡液中含量也很高。这些酶可以水解糖蛋白等“去能因子”，使精子顶体酶活性恢复，具有受精能力。

自然状态下，精子在同种或异种雌性生殖道孵育获能。人工条件下，可用子宫液、卵泡液、子宫内膜提取液或血清等在体外培养精子获能。目前主要采用添加诱导精子获能物质［如钙离子、血清蛋白（BSA）、肝素等］的特定培养液来完成精子体外获能。

13.1.2 卵细胞采集与成熟培养

通常采用注射外源激素的超数排卵技术诱导家畜超数排卵，获得足够的卵母细胞。能促进卵细胞的成熟和排卵的激素主要有：孕酮（progesterone）、雌二醇（estradiol）、促卵泡激素（follicle stimulating hormone，FSH）、黄体生成素（luteinizing hormone，LH）、促性腺激素（gonadotrophin）、前列腺素（prostaglandin，PG）和孕马血清促性腺素（pregnant mare serum gonadotropin，PMSG）等。影响超数排卵效果的因素包括：供体年龄、供体品种、激素剂量、卵巢状况等。

13.1.2.1 成熟卵细胞收集

用促卵泡激素和促黄体素等处理雌性动物诱导超数排卵。将腹腔镜插入动物腹腔，观察到卵泡后用吸管吸出卵细胞。这种方法关键是要掌握卵细胞进入输卵管和卵细胞在输卵管中维持受精能力的时间，操作程序较复杂，成本较高。由超数排卵采集的卵细胞已在体内发育成熟，不需成熟培养可直接进行体外受精。

13.1.2.2 卵母细胞收集、选择与成熟培养

1）活体卵巢采集

借助超声波探测仪、内窥镜或腹腔镜直接从活体动物的卵巢中吸取卵母细胞，属于非手术的方法。对于牛和马等大家畜，常用超声波探测仪辅助取卵，其方法是用手从直肠把握卵巢，经阴道壁穿刺插入吸卵针，借助B型超声波图像引导吸取卵泡中的卵母细胞。这种方法简单省时、操作方便，而且可以反复多次采集。

2）屠宰后卵巢采集

从刚屠宰的母畜体内摘出卵巢，洗涤后保存在30～37℃的无菌生理盐水中，1～4h内在无菌条件下用注射器或真空泵抽吸卵泡中的卵母细胞；也可以对卵巢进行切片收集卵母细胞。

3）卵母细胞的选择

采集的卵母细胞绝大部分与卵丘细胞形成卵丘-卵母细胞复合体（cumulus-oocyte complex，COC），要选择细胞形态规则、细胞质均匀，外围有多层卵丘细胞紧密包围的卵母细胞。在家畜体外受精研究中，常把卵母细胞分为A、B、C和D四个等级。A级卵母细胞要求有三层以上卵丘细胞紧密包围，细胞质均匀；B级要求卵母细胞质均匀，卵丘细胞层低于三层或部分包围卵母细胞；C级为没有卵丘细胞包围的裸露卵母细胞；D级是死亡或退化的卵母细胞。一般只选择培养A级和B级卵母细胞进行体外受精。

4）卵母细胞成熟培养

采集到的卵母细胞需要在体外模拟动物体内环境进行体外成熟培养，从而获得受精能力。

卵母细胞体外成熟培养的培养液的主要成分包括：氨基酸、水溶性维生素、无机离子、大分子营养物质、激素、能量物质等。家畜卵母细胞成熟培养液普遍采用 TCM199 培养基添加孕牛血清、促性腺激素、雌激素和抗生素。血清是大分子营养物质的主要来源，而且可提供细胞生长因子。作为能量来源的物质主要是葡萄糖，氨基酸也可作为能量物质。卵母细胞的体外培养还需对温度、渗透压、pH、气相等进行控制。卵母细胞体外培养通常采用微滴培养法，微滴体积一般为 50～200μL，每个微滴中一般放入 10～40 个卵母细胞。二氧化碳培养箱培养条件一般为 39℃、100% 湿度、5%CO_2。

卵母细胞成熟的标志包括：生发泡破裂、染色体凝集、纺锤体形成、极体排出、透明带软化、卵丘细胞扩散等。用 DNA 特异性染料染色后在显微镜下进行核相观察，可见卵母细胞处于第二次成熟分裂中期。

13.1.3　体外受精

精子发生顶体反应时，精子顶体外膜与其相贴的卵细胞膜发生多点融合而破裂，继而出现小孔。顶体酶通过这些小孔释放出去，使卵细胞周围的卵丘细胞分散并去除放射冠，分解透明带。精子顶体内膜与卵细胞膜相互融合，最终雄性原核和雌性原核合二为一，完成受精过程。

根据精子质量可以选择性采用以下方法进行体外受精。

13.1.3.1　共培养体外受精

将一个成熟的卵细胞转至受精培养液中，加入体外获能的精子共培养，完成受精。对于一些少精者可放入 2～3 个卵细胞，加入约 10 万个精子，置 5%CO_2、37℃培养箱内培养。

受精过程采用的培养液与动物细胞培养液类似，但需添加一些特殊物质，如肾上腺素、亚牛磺酸、肝素等，它们有助于精子穿卵和促使原核的形成。精子获能时间、精子添加密度、精卵共培养时间、培养液 pH 和离子强度等对受精率均有显著影响。通过倒置显微镜观察卵细胞内是否出现两个雌雄原核，受精卵是否能发育至囊胚判断受精是否成功。

13.1.3.2　显微操作辅助受精

通过显微操作仪将哺乳动物精子注入卵细胞，完成受精过程。该方法适用于受精能力弱的精子的体外受精，可以解除透明带和卵细胞膜对精子的阻挡作用。根据精子质量高低可以选择透明带修饰法、透明带下精子注射法和卵浆内精子注射法等方法。

1）透明带修饰法

采用人工方法破坏卵细胞的透明带，使精子比较容易地通过破损处进入卵细胞完成受精。对于有一定运动能力但顶体反应不全、无法穿过透明带的精子，这种方法比较适用。方法包括机械法（用锋利的微型玻璃针切除部分透明带）、化学溶解法（选用透明质酸去除卵丘，然后用酸性 Tyrode 溶液局部溶解透明带）、激光法（用波长为 193nm 的氟化氩激光束破坏透明带）。优点是对卵细胞损伤小，但易造成多精受精，影响胚胎继续发育。

2）透明带下精子注射法

用微注射器将 3～5 个精子直接注射入透明带下的卵间隙，从而使卵细胞受精。优点是对卵细胞的损伤小，但是存在多精受精问题。

3）卵浆内精子注射法

用微注射器将单个精子直接注射入卵细胞的细胞质内使卵细胞受精。这样可以避免多精受精问题，且卵浆内精子注射对精子活力、形态和顶体反应没有特殊要求。

13.1.4 胚胎培养

受精卵需在体外培养发育至桑椹期或囊胚期才能进行胚胎移植。通常情况下，移植的较佳时期是发育至 8～16 细胞期的胚胎。

早期胚胎在体外发育中往往会停止在某一阶段不再发育，这种现象称为**发育阻滞**（developmental block）。不同动物的胚胎发育阻滞时间不同，如小鼠的胚胎发育阻滞发生在 2 细胞期，仓鼠发生在 2～8 细胞期，大鼠发生在 2～4 细胞期，猪发生在 2 细胞期，牛、羊发生在 8～16 细胞期，人发生在 4～8 细胞期。发育阻滞是胚胎体外发育的一个主要障碍。受精卵在发育早期基本受母源性信息调控，胚胎的发育阻滞与胚胎的母源基因调控向自身基因调控的转换有关。近年来，通过改进培养液成分和建立体细胞共培养体系，不少动物已克服了胚胎体外培养中的发育阻滞问题，使胚胎顺利发育到囊胚阶段。例如，将胚胎与某些类型的体细胞共同培养可以有效地克服发育阻滞，这些与胚胎共同培养的细胞称为饲养层细胞。这类细胞包括：输卵管上皮细胞、子宫上皮细胞、颗粒细胞和卵丘细胞等。饲养层细胞的作用可能与产生胚胎营养因子以及对抗培养环境中毒性物质有关。

13.1.5 胚胎移植

胚胎移植（embryo transfer，ET）是指将发育到一定阶段的胚胎移植到与供体同时发情排卵，但未经配种的“受体”母畜输卵管或子宫的技术。

胚胎移植应选择与供体发情周期同步、生殖道正常、无疾病、繁育史良好的受体（代孕母）。通常采用药物调控发情周期的方法，来刺激或抑制受体的生理周期，从而达到动物发情的同步化。

13.1.5.1　手术法

对于小型家畜一般采用手术法移植。将同期发情的受体动物仰面固定在手术床上，全身麻醉，借助内窥镜观察排卵和黄体发育情况。腹部切口，将一侧卵巢上有黄体发育的子宫远端拉出，把胚胎输入子宫上 1/3 处。也可先用钝形针头在要移植部位刺一个小孔，然后把吸有胚胎的胚胎移植管（图 13.1）插入穿刺孔，小心将胚胎输入。这种方法优点是移卵容易，卵损伤小，成功率较高。

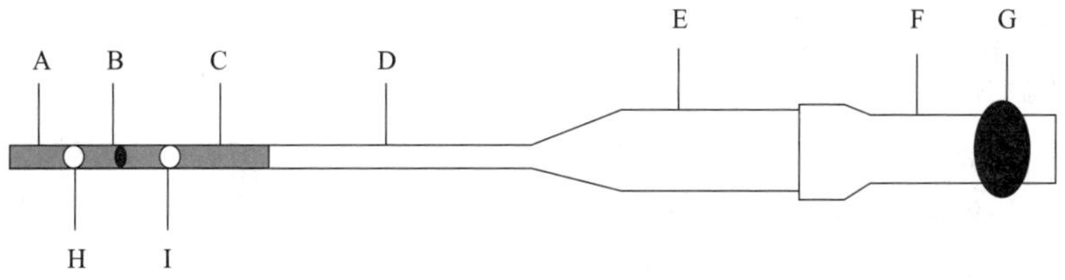

图 13.1　胚胎移植管（王蒂，2003）

A、C. 液段；B. 胚胎液段；D. 细端；E. 粗端；F. 乳胶管；G. 玻璃珠；H、I. 气泡

13.1.5.2　非手术法

对于牛、马等大家畜经常采用非手术法。一般使用专用输胚枪直接插入子宫角内注入胚胎。

13.2　试管婴儿

试管婴儿（test tube baby）是指卵细胞与精子在体外受精，培养发育成早期胚胎，再植回受体子宫内发育出生的婴儿。

1978 年，世界首例试管婴儿路易斯·布朗在英国诞生。1983 年，澳大利亚培育出第一例人类冷冻胚胎试管婴儿。1988 年，我国首例常规试管婴儿在北京医科大学第三医院（现北京大学第三医院）诞生。2000 年，我国首例超快速冷冻胚胎移植的试管婴儿在湖南医科大学（现中南大学湘雅医学院）诞生。试管婴儿可分为以下三个类型。

1）第一代试管婴儿

1977 年，爱德华兹（Edwards）和斯蒂普特（Steptoe）培育的试管婴儿为第一代试管婴儿。主要特征是模拟体内受精过程，将精子与卵细胞通过体外共培养完成受精过程，主要适用于女性原因引起的不育，如输卵管堵塞、宫颈粘连等问题。

2）第二代试管婴儿

第二代试管婴儿是指采用显微注射仪协助精子在卵细胞内完成受精过程培育的婴儿。优点是正常受精率高，多精受精率低，主要适用于男性原因引起的不孕，如少精、弱精、畸形精和无精等。缺点是由于是非自然选择的精子进行受精，可能将遗传缺陷传给下一代，同时显微授精操作容易造成卵细胞损伤。

3）第三代试管婴儿

第三代试管婴儿是经过种植前遗传学诊断培育出的试管婴儿。与前两代试管婴儿的区别在于先从体外受精的胚胎取出部分细胞进行基因诊断，排除带致病基因的胚胎，然后再进行胚胎移植。这代表了试管婴儿的一个重要发展方向，对于预防遗传病、提高婴儿质量具有重要意义。

试管婴儿培育与试管动物培育类似，主要技术环节包括：女方超数排卵处理、取卵与成熟培养、丈夫精液采集与体外获能处理、体外受精、受精卵体外培养、胚胎移植、子宫内发育、出生等步骤。

13.2.1 超数排卵与取卵

正常情况下，女性青春期起卵巢每月有一些卵泡发育，但通常只有一个卵泡成熟并排出，而其他的卵泡退化成闭锁卵泡。这种自然排卵每个周期只能获得一个卵细胞。人工使用药物诱发超数排卵，能掌握并随意控制排卵时间。常用药物有氯蔗酚胺枸橼酸盐、枸橼酸克罗米芬（clomiphene citrate，CC）、人类绝经期促性腺激素（human menopausal gonadotropin，hMG）和人绒毛膜促性腺激素（human chorionic gonadotrophin，hCG）。

在月经周期的第 3 至 9 天，使用 CC 或者 hMG 激发卵泡生长，常规 B 超监测卵泡，当卵泡直径大于 16mm、血液中雌二醇浓度达到 300pg/mL 或尿中雌二醇值达 80～100μg/d，单次给予 hCG，32～36h 可进行取卵。

20 世纪 70 年代末采用腹腔镜下取卵；80 年代后借助超声波监视直接由腹部皮肤穿入腹腔，经膀胱到达卵巢取卵。目前多采用“超声-穿刺针”一体化取卵：将阴道探头放入阴道，探头超声扫描，当探测到卵泡后，穿刺针刺入卵泡，负压吸取 2～3mL 卵泡液。吸出的卵泡液在显微镜下检查有无卵母细胞，并对所取出的卵细胞成熟度进行评估。采集到的卵母细胞在体外进行成熟培养，培养时间视卵母细胞成熟情况而定，从 5～8h 到几十小时不等。

13.2.2 精子采集与获能处理

收集精液，采用含有获能因子的培养液孵育 50min，使精子获能。

13.2.3 体外受精

将体外获能的精子悬液 2～3 滴（含活动精子 5 万～10 万个）滴入具有成熟卵细胞的试管内或特制的培养盒中，37℃下共培养完成受精。精子通过顶体作用穿过透明带与卵细胞结合。此时，卵细胞完成第二次减数分裂，并阻止其他精子受精。精卵结合后精原核及卵原核发育，进行 DNA 复制，而后原核膜破裂，精卵染色体凝集。染色体凝集标志着受精过程的完成，受精卵开始第一次卵裂。若精子质量差，无法共培养完成受精，可采用显微注射法辅助受精。

13.2.4 胚胎培养

在适宜培养条件下受精卵进一步发育。受精卵的第一次卵裂过程较长，随后较快。在体外受精后 30h 左右，第一次卵裂成 2 细胞胚卵；在 40h 左右，第二次卵裂成 4 细胞胚卵；到 48h 后，胚卵一般处于 4～8 细胞阶段。胚卵发育到 16 细胞阶段约需 85h，到早期胚囊约需 120h。

13.2.5 胚胎移植与观察

一般选择约 8 细胞阶段的胚胎进行胚胎移植。胚胎移植时，先将移植导管牢固地接到注射针筒上，洗涤后吸入含有胚胎的移植液。受体取卧位，在超声波引导下插入导管至宫腔中，注入胚胎移植液，静置 60s 后慢慢拔出导管。受体卧床 24h，限制活动 3～4d，同时接受孕酮等孕激素助孕，于 10d 后进行早期妊娠检查。如果确定妊娠，则改用人绒毛膜促性腺激素继续补充到怀孕 10 周。妊娠后 14d，B 超检查胎儿数及胚胎着床部位。

13.3 性别控制

13.3.1 哺乳动物受精前性别控制

根据哺乳动物 X 与 Y 精子在物理和生化特性上的不同实现彼此分离，再通过体外受精、胚胎移植得到所需要性别的动物。基于 X 与 Y 精子的差异，有以下几种分离方法。

1）免疫学分离法

Y 精子上存在雄性特异性组织相容性抗原（H-Y 抗原），利用 H-Y 抗体检测精子细胞膜上是否存在 H-Y 抗原，选择分离 X 精子（H-Y 抗原阴性）和 Y 精子（H-Y 抗原阳性）。分离主要采用免疫亲和柱层析法和免疫磁珠法。该方法准确性较低。

2）离心分离法

X 精子的 DNA 含量略大于 Y 精子，因此 X 精子密度比 Y 精子略大，可以通过离心进行分离。优点是时间短、对精子损伤小。缺点是因为 X、Y 精子密度相差不大（$0.007g/m^3$），分离困难，对仪器精度要求高。

3）电泳分离法

利用 X 精子和 Y 精子表面电荷差异，采用电泳进行分离。精子带负电荷，Y 精子负电荷略小于 X 精子，因此在中性缓冲液中，X 精子向阳极移动的速度较快。该方法优点是操作方便，缺点是分离效率不高。

4）流式细胞仪分离法

根据 X、Y 精子上 DNA 含量的微小差别，通过流式细胞仪（flow cytometer）进行分离。首先将精子稀释并与荧光染料 Hoechst 33342 混合，这种染料可以定量地与 DNA 结合。精子通过检索仪时被激光束激发，由于 X 精子比 Y 精子含 DNA 多，X 精子放射出较强的荧光信号。根据信号强弱通过计算机系统分辨 X 精子和 Y 精子。当含有精子的缓冲液离开激光系统时，借助于颤动的流动室将垂直流下的液柱变成微小的液滴。与此同时，含有单个精子的液滴被充上正电荷或负电荷，并借助两块各自带正电或负电的偏斜板，把 X 精子和 Y 精子分别引导到不同的收集管中。

5）化学药品处理法

Y 精子有嗜碱性，而 X 精子有嗜酸性。使用化学试剂预先处理动物，改变生殖道的 pH，从而在一定程度上达到选择性利用精子控制动物性别的目的。

13.3.2 胚胎移植前性别控制

在胚胎移植前对胚胎进行性别鉴定，然后选择胚胎进行移植，从而达到控制后代性别的目的，这是动物性别控制较为实用的方法。胚胎性别鉴定可采用细胞生物学、生化分析和分子生物学等方法。

1）细胞生物学方法——核型分析

通过核型分析对胚胎进行性别鉴定是经典的胚胎性别鉴定方法。首先用含有丝分裂阻滞剂的培养液培养胚胎，然后用常规的染色体制备方法制备染色体，进行核型分析。该方法准确率高，但要获得高质量的中期染色体难度较大，胚胎浪费大，耗时费力。目前该方法主要用来验证其他性别鉴定方法的可靠性。

2）生化分析法——胚胎 H-Y 抗原检测

许多雄性哺乳动物早期胚胎有雄性细胞表面特有的 H-Y 抗原存在，因此可以通过测定胚胎 H-Y 抗原来对胚胎性别进行鉴定。例如，可以采用间接免疫荧光法：以 H-Y 抗体为第一抗体，以用异硫氰酸盐荧光素标记的山羊抗鼠 γ- 球蛋白为第二抗体，将两种抗体依次与胚胎共培养，雄性胚胎上的 H-Y 抗原先与一抗结合，一抗再与二抗结合，通过洗涤将未结合的二抗洗去，在荧光显微镜下观察，有荧光的为 $H\text{-}Y^{+}$胚胎。该方法的优点是不对胚胎造成损害，鉴定过的胚胎还可以存活，移植后可获得所需性别的后代。

3）分子生物学方法——胚胎细胞 *SRY* 基因的检测

哺乳动物的 Y 染色体上有一个性别遗传控制因子，称为**睾丸决定因子**（testis determination factor，TDF）。例如，在人 Y 染色体短臂有一个单拷贝基因，称为 Y 染色体性别决定区基因（sex determining region Y gene，*SRY* gene）（图 13.2）。一种假说认为：哺乳动物 XY 染色体上的 *SRY* 基因可以激发下游基因 *MLS* 的转录，引起缪氏体抑制物和睾酮分泌，最终形成雄性。XX 染色体因缺少 *SRY* 基因，染色体上 DSS 位点基因转录，促进卵巢发育，形成雌性。

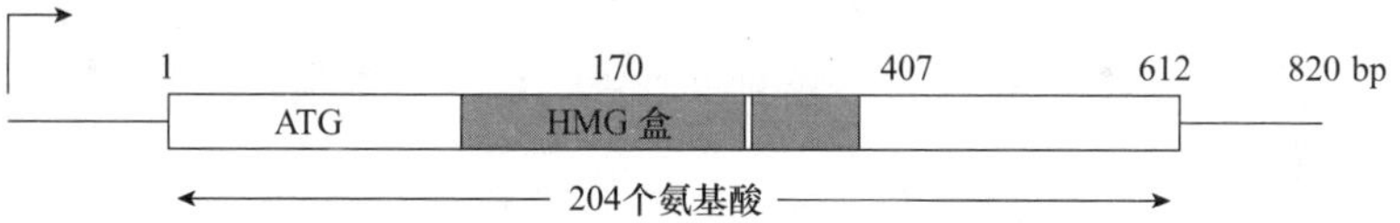

图 13.2　*SRY* 基因结构

（1）DNA 探针法：以 Y 染色体上 *SRY* 基因片段作为探针，将其标记后对胚胎细胞 DNA 进行 Southern 杂交，阳性结果为雄性，阴性结果为雌性。

（2）PCR 扩增法：利用 PCR 技术检测 *SRY* 基因的有无判断胚胎的性别。大致步骤为：采集晚期桑椹胚或囊胚，分离得到胚胎细胞，提取 DNA，PCR 扩增 *SRY* 基因，电泳分析，根据目的条带的有无判断胚胎是雄性还是雌性。

4）酶分析法

雌性胚胎中与 X 染色体相关的酶的浓度及活性比雄性胚胎高，因此通过测定与 X 染色体相关酶的活性可以鉴别胚胎性别。X 染色体相关酶包括：葡萄糖-6-磷酸脱氢酶、次黄嘌呤磷酸核糖转移酶等。

13.4　核移植动物

细胞核移植（cell nuclear transfer）是利用显微操作技术将一种动物的细胞核

移入同种或异种动物的去核成熟卵细胞内的技术。

细胞核移植是动物克隆的有效手段，可采用特定发育阶段的核供体及相应的核受体（去核的卵细胞）在体外构建重组胚，通过胚胎移植到受体完成发育出生。细胞核移植动物为核质杂种，包括胚胎细胞克隆动物、体细胞克隆动物。

1958 年，英国科学家约翰·戈登（John Gurdon）用非洲爪蟾（*Xenopus laevis*）幼体肠细胞核移植入去核卵细胞，构建成功第一例体细胞核移植动物，于 2012 年荣膺诺贝尔生理学或医学奖。

1997 年，英国科学家威廉穆特（Ian Wilmut）和吉斯·坎贝尔（Keith Campbell）等在胚胎细胞核移植绵羊的基础上，利用成年芬兰多塞特白面母羊乳腺上皮细胞与苏格兰黑面母羊去核卵细胞，成功地获得第一个哺乳动物克隆动物——多莉。

2018 年，中国科学院神经科学研究所孙强和刘真等利用长尾猕猴胎儿皮肤成纤维细胞核移植，成功地获得了 2 只健康的克隆猴，命名为“中中”和“华华”。这是第一次获得的体细胞克隆灵长类动物。

13.4.1 核移植动物培育

细胞核移植克隆动物培育主要包括以下几个环节：核供体细胞的获得与取核、受体细胞去核、细胞核移植、重组胚的激活与培养、胚胎移植、核移植动物鉴定。

13.4.1.1 核供体细胞的获得与取核

供核细胞可以是原代细胞或传代细胞，从来源上包括胚胎细胞、胚胎干细胞、体细胞。通常采用处于 G_0 期的细胞作为核移植的供体细胞。G_0 期细胞又称为 Q 细胞、静止细胞（quiescent cell）、休止细胞（resting cell）。G_0 期细胞处于静止状态，在适当刺激下进入增殖状态。进行体细胞克隆时，在 5～10d 内将培养液中的血清浓度从 10% 逐渐减少到 0.5%（即血清饥饿法），造成营养缺乏，可以诱导细胞脱离正常周期而进入 G_0 期。对供体细胞可以采用细胞松弛素 B（cytochalasin B）诱发细胞排核，或者采用显微操作取核等方法得到细胞核。

13.4.1.2 受体细胞去核

细胞核移植所用受体细胞一般采用 M Ⅱ 期成熟的卵母细胞，可以从动物体内直接获得，但数量有限。高质量的体外成熟（*in vitro* maturation，IVM）的卵母细胞可以替代体内成熟卵母细胞进行核移植。

1）盲吸去核法

用细胞骨架抑制剂——细胞松弛素 B（5μg/mL）或秋水仙碱（0.1μg/mL）

处理卵母细胞，使细胞骨架松弛。用固定管在第二极体对面吸引固定卵母细胞，将外径 25～30μm 的尖头管轻轻刺入透明带，停在第二极体附近的卵周隙中，轻轻将去核管连同其中的内容物拉出透明带，完成卵母细胞去核。去核后的卵母细胞用培养液洗涤后继续培养 1～2h，用作细胞核移植受体。去核操作中可以用荧光染料 Hoechst 33342 对卵细胞 DNA 进行染色，提高去核成功率。

2）化学诱导去核法

用脱羰秋水仙碱（demecolcine）处理 M Ⅱ期卵母细胞可使其排放第二极体。由于脱羰秋水仙碱的作用，核染色质没有分开而全部进入第二极体，完成去核。这种方法可以在同一时间大量去核，还避免了人为操作的不稳定性。

13.4.1.3　细胞核移植

1）直接注射法

利用较细（10μm）的注核针抽吸核供体细胞使核膜破裂，吸入供体核后，直接刺破受体卵细胞膜，将核直接注入卵周隙，完成细胞核移植获得重组胚。然后，逐渐减小固定吸管的负压放开重组胚（图 13.3）。直接注射法对卵膜及卵细胞质损伤大，容易造成卵母细胞死亡。将脉冲与显微操作结合，可提高注核效率，降低卵母细胞损伤，提高重组胚的存活率。

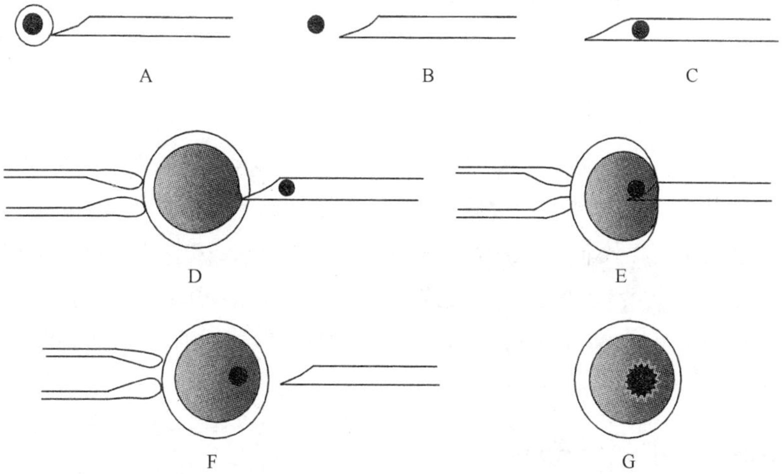

图 13.3　直接注射法进行核移植（王蒂，2003）

A. 供体细胞核；B. 去除细胞质；C. 吸入；D. 准备注入；E. 注入；F. 重组胚；G. 激活

2）透明带下注射法

用注核针将供体卵裂球或细胞核直接移至去核卵母细胞的卵周隙，使供体核进入受体卵胞质内，形成重组胚。这种方法可以避开对卵膜及卵细胞质的损伤。

13.4.1.4 重组胚的激活与培养

通过核移植构建的胚胎是重组胚，不同于体外受精得到的合子胚，必须激活后才能进入胚胎发育阶段。

1）电激活

采用电刺激对已融合的重组胚或胞质内注射的重组胚进行激活，使之进入发育状态。可把重组胚放在电融合槽两极之间，用几次瞬时直流脉冲刺激使其激活。电激活的同时，采用一些化学物质或蛋白质类物质对电激后的重组胚进一步处理，可以更好地激活，提高其发育能力。这类物质包括三磷酸肌醇、Ca^{2+}载体、蛋白质合成抑制剂（放线菌酮）、细胞松弛素 B 等。

2）化学激活

单独使用化学激活剂也可对重组胚进行激活。化学激活常用的激活剂包括7% 乙醇溶液（处理 5～7min）、离子霉素（ionomycin）（5μmol/L 的 DMSO 溶液，处理 5min）、Ca^{2+}载体 A23187（5μmol/L，处理 5min）、Sr^{2+}（5～10mmol/L 氯化锶，处理 30～180min）。

重组胚可以在体外和体内进行培养，发育到桑椹胚或囊胚后移植到同期发情的受体中继续发育。体外培养 48h 时检查重组胚的卵裂率，记录桑椹胚及囊胚发育率。也可将重组胚植入同种或异种动物的输卵管中发育为桑椹胚或囊胚，然后进行胚胎移植。

13.4.2 胚胎细胞核移植克隆动物

哺乳动物的胚胎细胞具有全能性，理论上每个胚胎细胞经过核移植，都能发育成遗传性状完全相同的个体。图 13.4 显示的是胚胎细胞核移植克隆小鼠的过程：分别选用了三个不同品系的小鼠作为核供体、核受体与代孕母，最后得到了具有核供体特征的克隆小鼠。主要技术环节：从未着床的早期胚胎中分离单个细胞，取核后注入受精卵并去掉两个原核，体外培养发育成早期胚胎后移入代孕母妊娠。

13.4.3 体细胞克隆动物

体细胞克隆（somatic cell cloning）是将动物体细胞的核利用细胞核移植技术导入去核卵母细胞中，体外培养重组胚，再经胚胎移植至受体，妊娠产仔培育出与核供体一样的成体动物的一种技术。

体细胞数量丰富并且易于获得，因此体细胞克隆动物技术在加快优良动物繁殖，抢救濒危动物方面意义重大。由于可以用患者本人细胞，可以通过核移植体

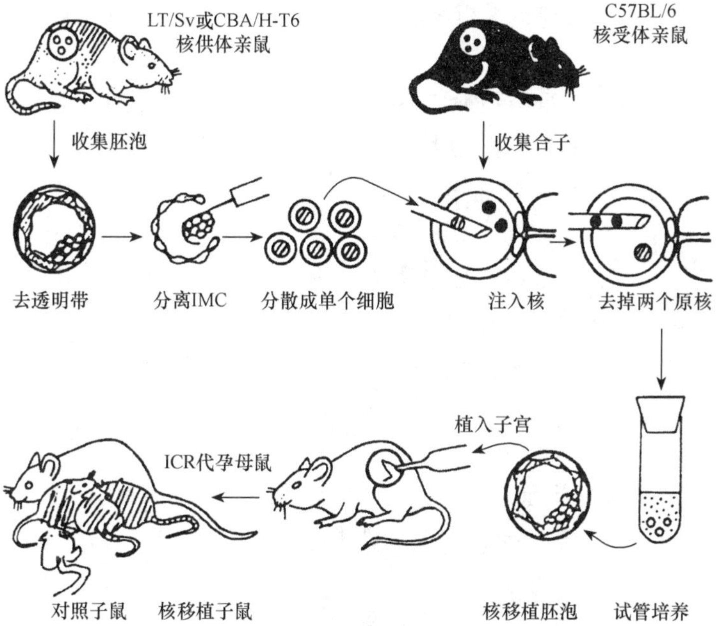

图 13.4 胚胎细胞核移植培育克隆小鼠的过程（冯伯森等，2000）

外培养胚胎得到干细胞或者组织器官，因此体细胞克隆在治疗性克隆方面具有非常大的应用价值。

目前，体细胞克隆动物技术还处于探索阶段。体细胞克隆动物成功率很低、夭折率高，不少克隆动物天生患有疾病或体形过大。

以世界上第一个体细胞克隆动物——多莉羊为例，大致培育流程如下。

（1）核供体细胞：取一只 6 岁白色的芬兰多塞特白面母羊的乳腺组织，酶消化分解成单个细胞，平铺在新鲜的细胞营养层（滋养层）上培养 7d，将这些细胞转移到缺乏营养的培养基上培养传代，将其培养基的胎牛血清浓度从 10% 下降至 0.5%，使细胞停在 G_0 期（传到 7～9 代时，供体细胞可停在 G_0 期，此时细胞染色体为 54 条，是二倍体）。借助显微镜，用显微吸管将核吸出。

（2）受体卵母细胞：来自苏格兰黑面母绵羊，注射促性腺释放素（GnRH）28～33h，诱发超数排卵，收集卵母细胞。借助显微操作用显微吸管刺入，吸取中期染色体和少量细胞质。将去核后的卵细胞放在无钙镁、含有 1% 胎牛血清的磷酸盐缓冲液中培养，然后转移到 37℃无钙、含有 10% 胎牛血清的 M2 培养液中保存备用。

（3）重组胚构建与激发：将获得的乳腺细胞核与无核卵细胞放入同一培养皿中，在交变脉冲电压为 3V 的电场中融合 5min，再用 1.25kV/cm、80μs 直流电脉冲 3 次，将乳腺细胞核融入卵细胞中形成重组胚。电脉冲可以诱导产生类似于自然受精过程的一系列反应，使重组胚也能像受精卵一样进行细胞分裂、分化，从而形成胚胎。

（4）胚胎移植：将重组胚种植在绵羊结扎的输卵管中培养，大约培养6d后，大多数胚胎发育到桑椹期或囊胚期（8～16个细胞）。再选择质量高的桑椹期或囊胚期胚胎移植到苏格兰黑面羊（代孕母）的子宫中，每只受体母羊移植1～3个胚胎。

（5）妊娠发育出生：60d时用超声波诊断妊娠。最终产下多莉，即核供体（6岁芬兰多塞特母绵羊）的复制品。

复　习　题

1．与体外受精动物相比，细胞核移植动物有什么优势和不足？

2．如何看待试管婴儿和体细胞克隆带来的伦理问题？

扩展学习资料

冯清，史鸿志，林燕，等．2015．小鼠促排卵-体外受精动物模型的建立．实验与检验医学，33（6）：714-716

李玉亭．2019．体外受精-胚胎移植技术的研究进展．全科护理，17（22）：2736-2738

廖兆蒂，刘真，孙强．2019．核移植技术的建立与发展．中国细胞生物学学报，41（6）：1032-1040

秦逸人．2018．从蝾螈到克隆猴：核移植研究90周年记．自然杂志，40（4）：253-264

徐仙，于黎明．2004．试管婴儿的研究现状．宁夏医学杂志，26（4）：254-255

Campbell KH, Mcwhir J, Ritchie WA, et al. 1996. Sheep cloned by nuclear transfer from a cultured cell line. Nature, 380: 64-66

Liu Z, Cai YJ, Wang Y, et al. 2018. Cloning of macaque monkeys by somatic cell nuclear transfer. Cell, 172: 881-887

第14章 多倍体动物与转基因动物

14.1 多倍体动物

多倍体动物（polyploid animal）是指细胞中含有超过正常体细胞染色体组数的动物个体。

与植物不同，动物的多倍性现象比较少见。原因是：①高等动物的远源杂交能力很弱，难以形成杂种个体；②多倍体动物高度不育，染色体异常通常会造成胚胎死亡。尽管如此，在低等脊椎动物中有多倍体动物存在，包括鱼类、两栖类和爬行类。多倍体动物一般都是同源多倍体。

动物多倍体培育可以提高生长速度，改善品质，因此在动物遗传育种上具有重要意义。例如，三倍体鲍鱼具有不育性，其性腺发育程度低于二倍体，生长供给的能量相对增加，增强了鲍鱼的抗逆性和抗病能力，提高了生长速度和品质。再如，三倍体鲤鱼、三倍体牡蛎肉质更加鲜美。一些水产动物，如大麻哈鱼等在产卵后会全部死亡，而三倍体种类由于不育，会避免繁殖期，从而避免死亡。

14.1.1 多倍体动物培育

14.1.1.1 物理方法

与植物多倍体培育多采用化学诱导不同，培育多倍体动物常采用物理方法。物理方法主要包括温度激变法（温度休克法）、水静压法、机械创伤法、辐射高盐高碱法等。

1）温度休克法

温度休克法包括冷休克法（0～5℃）和热休克法（30℃）两种。温度休克法廉价、处理量大、易操作，但是诱导率较低。使用温度休克法诱导多倍体动物的关键是阻止细胞分裂或卵母细胞第二极体的释放，需综合考虑开始处理的时间、处理持续的时间、处理温度三个因素。由于动物的遗传背景及卵细胞的成熟度不同，不同动物甚至同一动物在不同情况下的最佳诱导条件会有所不同。目前，鱼类使用温度休克法诱导三倍体的报道较多。一般来说，冷水性鱼类用热休克法好，温水性鱼类用冷休克法效果较好。但这也不是绝对的，例如，鲤鱼用热休克法同样可以获得较高比例的三倍体，香鱼三倍体的诱导用冷休克法、热休克法均可获得较好结果。

2）水静压法

采用较高的水静压（如 65kg/cm^2）可抑制卵母细胞第二极体的释放或细胞分裂产生多倍体。该方法多用于鱼类三倍体的培育，具有诱导率高、处理时间短（3～5min）、对受精卵损伤小、成活率高等优点。

14.1.1.2 化学方法

化学方法是指用化学药品［如秋水仙素、细胞松弛素 B，6-二甲基氨基嘌呤（6-DMAP）、聚乙二醇、咖啡因等］诱导多倍体。用化学方法诱导多倍体需注意处理的开始时间、持续时间和药物使用浓度。化学方法在生产上并不常用，因为成功率较低，并且有些化学药品有毒，会对胚胎存活率产生影响。

14.1.1.3 生物学方法

生物学方法主要利用染色体加倍个体与未加倍个体杂交产下多倍体个体。瑞齐（Rasch）等于 1965 首先证明了三倍体脊椎动物可通过四倍体个体与二倍体个体杂交产生。

14.1.2 多倍体动物鉴定

14.1.2.1 染色体计数和核型分析

这种方法是鉴定多倍体简单、可靠的方法，与植物多倍体鉴定类似。

14.1.2.2 核仁数目的银染色法测定

单倍体细胞含一个核仁，而二倍体、三倍体和四倍体细胞分别含有 2 个、3 个和 4 个核仁，因此，采用银染色法分析胚胎细胞的核仁分布情况可以鉴定多倍体。

14.1.2.3 细胞核体积测量

染色体数目的倍增导致细胞核体积增大。一般来说，单倍体细胞核的体积只有二倍体的一半，是三倍体、四倍体的核体积的 1/3、1/4 左右，因此，可以通过对相同组织细胞核体积的比较来鉴定多倍体。测定中常选择测定红细胞的核体积。此种方法较为快速，但一般仅局限于同一种或亲缘关系较近的物种之间的染色体倍性比较。

14.1.2.4　DNA 含量测定

在同一物种内，染色体组数和 DNA 含量成正比例关系，因此，在有对照组的情况下，可用本方法对所诱发的多倍体进行鉴定。

14.2　转基因动物

转基因动物（transgenic animal）是指在基因组内稳定地整合了外源基因，并且外源基因可以稳定地遗传给后代的动物。

1982 年，帕尔米特（Palmiter）等将大鼠的生长激素基因导入小鼠受精卵的雄原核中获得了比普通小鼠生长速度快 2～4 倍、体形大一倍的转基因“硕鼠”。在随后的十几年里，转基因动物技术飞速发展，转基因兔、转基因绵羊、转基因猪、转基因牛、转基因山羊、转基因鱼及转基因鸡等陆续育成。转基因技术为动物品种改良提供了有效途径。此外，转基因动物在基础理论研究、药用蛋白生产、异体器官移植、人类疾病动物模型、疫苗生产等领域也有着巨大的应用潜力。

14.2.1　转基因方法

14.2.1.1　受精卵或囊胚显微注射法

通过激素疗法使雌性动物超数排卵，并与雄鼠交配，取出受精卵，然后借助显微镜将纯化的 DNA 溶液迅速注入受精卵的雄核内。将该受精卵移植到另外一只假受孕母鼠的输卵管内，正常发育、繁殖出转基因鼠，也可以将受精卵体外培养发育至囊胚阶段，将外源 DNA 注入囊胚内（图 14.1）。这种方法转入的基因长度可达数百 kb，并能随机地整合到受体细胞染色体 DNA 上。

14.2.1.2　胚胎干细胞法

胚胎干细胞（embryonic stem cell，ES 细胞）是一种含正常二倍染色体的具有发育全能性的细胞（见第 18 章），因此将外源 DNA 导入胚胎干细胞就可以实现基因的转移（图 14.1）。

14.2.1.3　精子载体法

精子载体法是一种直接用精子作为外源 DNA 载体的转移方法。基本方法是：精子直接与外源 DNA 混合培养，外源基因可以进入精子头部，受精后发育

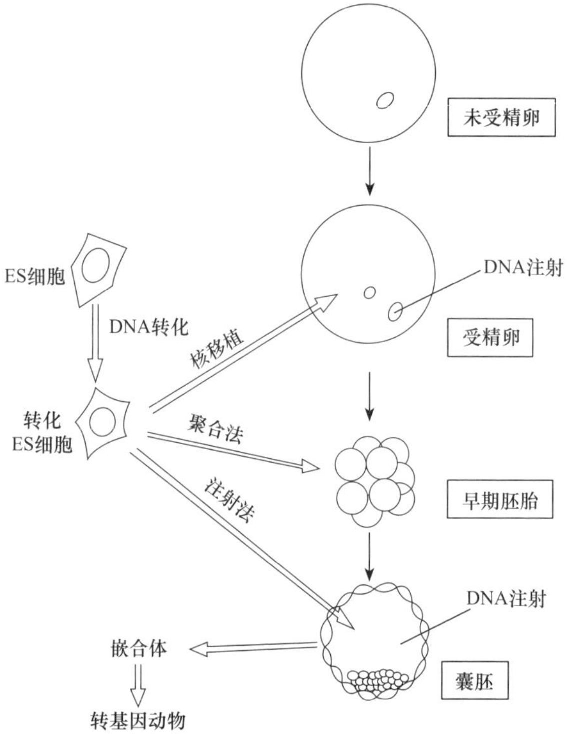

图 14.1　显微注射法及胚胎干细胞法获得转基因动物（韩贻仁，2001）

成转基因动物。与显微注射法相比，此法具有简单、广泛适用的特点。

14.2.1.4　反转录病毒感染法

将目的基因重组到反转录病毒载体上，人为感染着床前或着床后的胚胎，或直接将胚胎与能释放反转录病毒的细胞共孵育达到感染目的，通过病毒将外源目的基因插入整合到宿主基因组 DNA 中。反转录病毒的高效率感染和在宿主细胞 DNA 上的高度整合特性，可以提高基因转移效率。

14.2.1.5　卵母细胞显微注射法

由于处于减数分裂中期（M Ⅱ期）的卵母细胞无核膜的时间远长于处于有丝分裂期的细胞，因此为反转录病毒载体介导的基因插入提供了更大的可能性。将外源基因克隆至反转录病毒载体，然后将其显微注射到受精前卵母细胞的卵周腔，在体外受精，培养至囊胚期，移入假孕的雌性动物子宫内发育。

14.2.2　转基因动物鉴定

14.2.2.1　Southern 印迹法

提取待检动物组织 DNA，电泳，转膜后选择适当的探针进行杂交，通过放射自显影检测。该方法的优点是结果可靠，缺点是操作烦琐。

14.2.2.2　聚合酶链反应（PCR）技术

针对目的基因设计特异性引物，以组织提取的 DNA 为模板进行 PCR 扩增，通过对扩增产物进行序列分析就可以实现转基因动物的鉴定。但是 PCR 方法有时会存在假阳性。

14.2.3　基因改良动物

转基因技术为动物品种改良提供了有效途径，具有周期短、成本低、选择效率高、不受有性繁殖的限制等优点。目前，转基因技术已被应用于提高生长速度与肉质改善、提高羊毛产量和性能、培育抗冻品种等领域。

14.2.3.1　提高生长速度与肉质改善

转生长激素基因的经济动物的生长速度和饲料利用效率显著提高，瘦肉率也有所增加。

14.2.3.2　提高羊毛产量和性能

半胱氨酸是制约羊毛产量的限制性氨基酸。来源于细菌的丝氨酸乙酰转移酶（serine acetyltransferase，SAT）、*O*-乙酰丝氨酸（硫醇）裂解酶（*O*-acetylserine sulfhydrylase，OAS）可以将二硫化物转化成半胱氨酸。将 *SAT* 基因、*OAS* 基因定位表达于绵羊的胃肠道上皮，从而提高胃肠道中半胱氨酸的量，可达到提高羊毛产量的目的。将毛角蛋白Ⅱ中间细丝基因导入绵羊基因组，得到的转基因绵羊的毛光泽亮丽，而且羊毛中的羊毛脂含量明显提高。

14.2.3.3　培育抗冻品种

美洲拟鲽等鱼类由于其体内存在抗冻蛋白（antifreeze protein，AFP）而能在寒冷环境中生存，而罗非鱼和鲮鱼等热带鱼抗寒能力低下。培育 AFP 转基因鱼可使热带鱼对低温的耐受性得以提高。

复习题

1. 动物多倍体培育方法与植物多倍体培育有什么不同?
2. 查阅文献，以一例说明转基因技术在动物品种改良中的应用。

扩展学习资料

高华颖，曹阳，李世辉，等. 2003. 精子介导转基因动物的制备. 遗传,25(3): 283-290
华再东，任红艳，郑新民. 2018. 转基因动物制备方法. 中国猪业,(11): 22-25
黄松钱，曹小娟，王卫民. 2019. 多倍体泥鳅的人工诱导及其受精细胞学观察. 华中农业大学学报，38(5): 26-34
钱国英，朱秋华，汪财生. 2004. 水生动物多倍体育种的研究进展. 浙江万里学院学报，17(5): 97-101
任吉龙，宋玉然，李伟，等. 2019. 通过集成CRISPR/Cas9、受精卵注射和核移植技术快速高效制备胰腺缺陷小型猪模型. 内蒙古大学学报：自然科学版，50(5): 513-517
王冠亭，孙述好，刘沙，等. 2009. 几种药物诱导水产动物多倍体的研究进展. 河北渔业,(7): 51-55
杨艳伟，刘甦苏，吕建军，等. 2019. 我国临床前药物致癌试验转基因动物模型研究进展. 中国药事，33(8): 880-886

第15章 动物细胞培养

15.1 动物细胞培养简介

动物细胞培养（animal cell culture）是模拟动物体内的生理环境使细胞在体外分裂增殖的技术。

体外培养可分为原代培养（亦称初代培养）和传代培养（亦称继代培养）。

原代培养（primary culture）是指接种组织块直接长出单层细胞或将组织分散成单个细胞再进行培养，在首次传代前的培养过程。培养获得的细胞称为原代细胞（primary cell）。

传代培养（passage culture/subculturing）是指将原代培养的细胞进行传代继续培养的过程。细胞体外大量增殖是通过传代培养实现的。

1907年，哈里森（Harrison）采用盖玻片覆盖凹窝玻璃悬滴培养法将蛙胚的神经组织培养在淋巴液中，保持存活了几周时间，并观察到细胞突起的生长过程，开创了动物组织培养的先河。1923年，卡勒尔（Carred）设计出卡氏培养瓶，成功地用于培养鸡胚的心肌组织。1951年，厄尔利（Earle）等开发了动物细胞体外培养的培养基。

15.2 动物细胞特点

动物细胞之间的连接形式要比植物细胞复杂得多，主要有紧密连接、间隙连接、隔壁连接、中间连接和桥粒连接5种方式，以紧密连接、间隙连接和桥粒连接为多见，隔壁连接仅见于无脊椎动物细胞，中间连接见于脊椎动物细胞。动物细胞形状、大小各异，不同形状的人体细胞如图15.1所示。动物细胞具有以下特点。

（1）动物细胞比微生物细胞大，无细胞壁。

（2）动物细胞倍增时间长，生长缓慢。

（3）培养过程需氧量少，对机械搅拌或剪切力敏感。

（4）动物细胞间主要以聚集体形式存在。

（5）原代细胞一般繁殖50代左右即退化死亡。

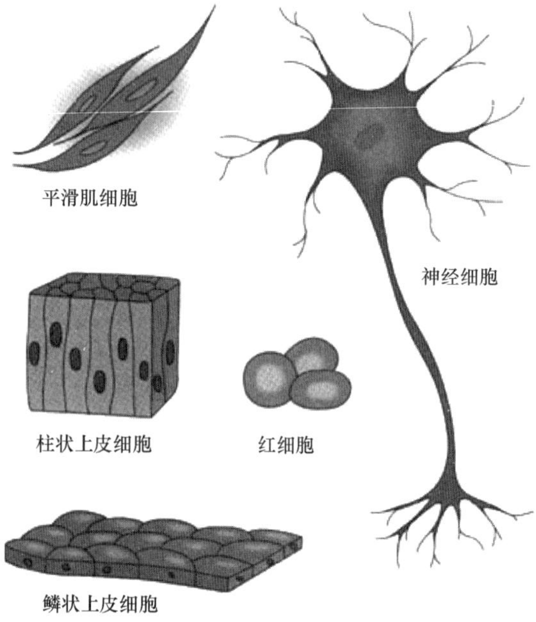

图 15.1 不同形状的人体细胞

（6）动物细胞对于营养要求更加苛刻，除氨基酸、维生素、盐类、葡萄糖或半乳糖外，一般还需要血清。

（7）动物细胞对于培养环境的适应性更差，对 pH、溶解氧、温度等极其敏感。

（8）动物细胞培养容易受到细菌、真菌、病毒、支原体的污染。

（9）绝大多数正常二倍体的哺乳动物细胞只有贴附在固体或半固体的表面才能生长。

15.2.1 贴附型细胞

贴附生长是大多数哺乳动物细胞在体内的基本存在方式。贴附有两种含义：①细胞之间相互接触；②细胞与细胞外基质结合。正是基于贴附生长这种特性，才使得细胞与细胞之间相互结合形成组织，也才使细胞与周围环境保持联系。

动物细胞培养中，大多数哺乳动物细胞必须附着在固体或半固体表面生长，当细胞布满表面后即停止生长。从生长表面脱落进入液体的细胞通常不再生长而逐渐退化。贴壁培养的细胞可用胰蛋白酶、酸、碱等试剂或机械方法使其脱落下来。

根据体外培养时细胞形态的不同，主要可分为以下几类。

15.2.1.1 成纤维型细胞

细胞外形与体内成纤维细胞形状相似，大致呈梭形或不规则形（图 15.2）。细胞贴壁后呈长梭形，圆形细胞核位于中央，细胞质外伸出 2～3 个长短不同的突起，生长时呈放射状、漩涡状走向。多数细胞之间排列疏散，有较大的细胞间隙。有时也相互平行排列，成群细胞呈现放射状、漩涡状等形式。起源于中胚层的细胞在体外培养时一般表现为成纤维型。

15.2.1.2 上皮型细胞

上皮型细胞泛指那些形状上类似上皮细胞的细胞，特点是：扁平状，形态较为规则，细胞贴壁后呈三角形及不规则扁平的多角形，中央有扁圆形核，生长时彼此紧密连接成单层细胞，呈现“铺路石状”（图 15.3）。起源于内胚层与外胚层的细胞在体外培养时都可能呈现上皮型，如皮肤的表皮细胞、消化管与呼吸道的上皮细胞、肺泡上皮细胞、消化腺上皮细胞、血管内皮细胞等。

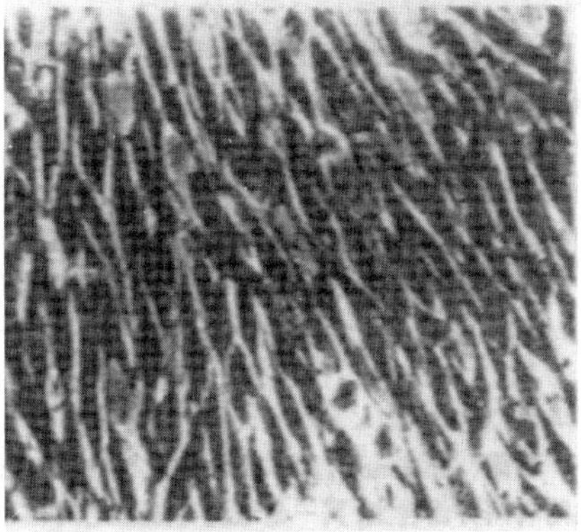

图 15.2　成纤维型细胞（薛庆善，2001）

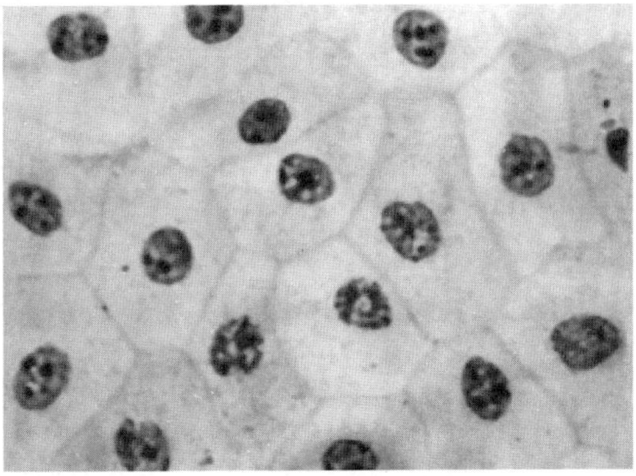

图 15.3　上皮型细胞（辛华，2001）

15.2.1.3　游走型细胞

游走型细胞在支持物上分散生长，一般不连接成片、形成群落；细胞质常伸出伪足和突起；呈游走和变形运动，速度快且方向不规则；细胞内易出现色暗的吞噬性颗粒。该类细胞不很稳定，外形不规则且不断变化（图 15.4）。表现这种细胞形态的主要是具有吞噬作用的单核巨噬细胞系统的细胞，如粒细胞、淋巴细胞、单核细胞、巨噬细胞等。

15.2.1.4　多形型细胞

多形型细胞是一些形态上不规则的细胞，一般分胞体和胞突两部分，其中胞突为细长形，类似丝状伪足，有些略呈现多角形（图 15.5），最常见的是神经元和神经胶质细胞。

上述 4 种细胞形态学形式是动物细胞体外培养最常见的几种形式。实际情况下，体外培养的细胞并不一定呈现典型的形态，而多呈现过渡性形态。影响细胞形态学特征的主要因素包括：血清成分、培养基成分、培养基的酸碱度、气相环境、温度等。贴附载体的表面结构对培养细胞的形态也有影响。

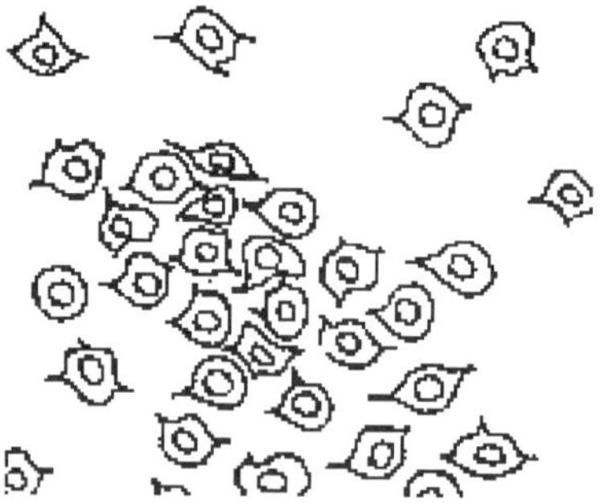

图 15.4 游走型细胞（鄂征，1995）

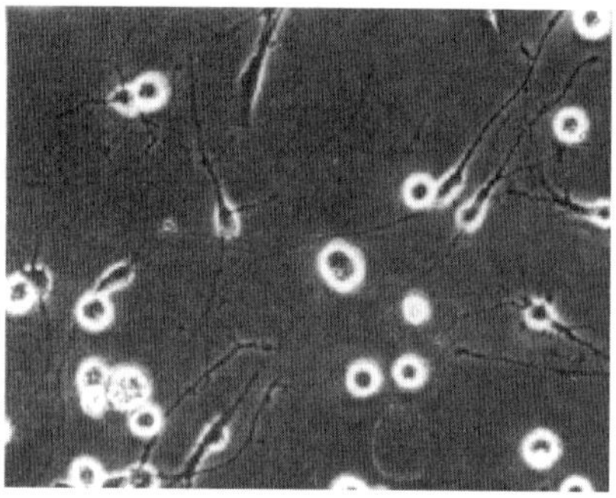

图 15.5 多形型细胞（辛华，2001）

15.2.2 非贴附型细胞

非贴附型细胞也叫悬浮型细胞，体外生长时不需要贴壁，可在培养液中悬浮生长。一些在体内原本就以悬浮状态生长的细胞，在体外培养时也能以悬浮状态生长。血液白细胞、淋巴组织细胞，某些肿瘤细胞、杂交瘤细胞、转化细胞系等都属此类细胞。这类细胞形态学特点是一般都呈球形。

15.3 培养工具与条件

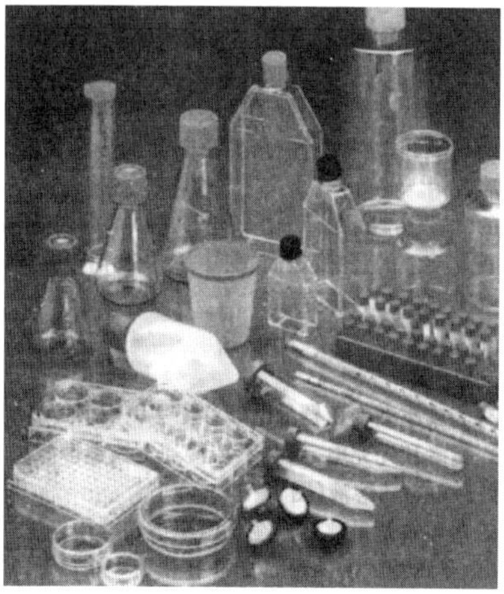

图 15.6 动物细胞培养的器皿

15.3.1 培养工具

动物细胞培养器皿多数由玻璃或无毒塑料制成，主要包括培养瓶、培养板、培养皿、培养管等（图 15.6）。关键仪器包括 CO_2 培养箱等。

15.3.2 培养条件

15.3.2.1 温度

与哺乳类动物体内温度相似，培养细胞的最适温度一般为 37℃。实践证明，细胞对低温的耐受性要比对高温的耐受性强，低温会使细胞生长代谢速率降低；一经恢复正常温度，则细胞会再行生长。高温对细胞的威胁很大，若在 40℃左右，则几小时内细胞便会死亡。

15.3.2.2　pH

细胞培养的最适 pH 为 7.2～7.4。多数细胞对偏酸性的培养基耐受性较强，而在偏碱性的情况下则会很快死亡。培养过程一定要控制 pH，采用酚酞等指示剂跟踪培养基的酸碱度变化。

15.3.2.3　气体

细胞生长代谢离不开 O_2。作为代谢产物的 CO_2 还有调节 pH 的作用。CO_2 培养箱可根据需要持续提供一定比例的 CO_2 气体，这样可以使培养环境中的氢离子浓度保持恒定，以提供一个比较稳定的 pH。

15.3.3　培养基

动物细胞对营养要求较高，动物细胞培养的培养基组成非常复杂。例如，包括十几种必需氨基酸及其他多种非必需氨基酸、维生素、碳水化合物及无机盐类等，其中很多成分需由血清、胚胎浸出液等提供。在很多情况下需加入 10% 的胎牛血清或小牛血清。血清使用前必须经过鉴定，只有无菌、无内毒素、无溶血或低溶血、蛋白质及营养素达一定标准的血清才能使用。

动物细胞的培养基一般可分为天然培养基、合成培养基、无血清培养基几种。

15.3.3.1　天然培养基

直接采用动物体液或从组织中提取的成分作培养液，主要有血清、组织提取液、鸡胚汁等。天然培养基营养价值高，但是成分复杂，来源有限。

血清是天然培养基中最有效和最常用的培养成分。它含有许多维持细胞生长繁殖和保持细胞生物学性状不可缺少的成分。常用的动物血清主要有牛血清和马血清。牛血清分为胎牛血清和小牛血清，前者来源少，价格高；后者要求刚产下尚未哺乳的小牛，因为哺乳后的小牛血清中可能含有更复杂的成分。血清中已知的成分主要有蛋白质、氨基酸、葡萄糖、激素等。蛋白质主要是白蛋白和球蛋白。氨基酸是细胞合成蛋白质的基本成分，其中有 12 种是动物细胞本身不合成的，必须由培养液提供。激素有胰岛素、生长激素和多种生长因子，如表皮生长因子（EGF）、成纤维细胞生长因子（FGF）、增殖刺激因子（MSA）、类胰岛素生长因子（IGF1、IGF2）等。

水解乳蛋白、胶原是两种较好的天然成分，一般配制成 0.5% 的溶液，微酸性。后者是从动物真皮中提取的，具有改善细胞表面特性促使其附着生长的作用。

15.3.3.2 合成培养基

为了营造与细胞体内相似的生长环境，便于细胞体外生长，1951 年厄尔利（Earle）开发了供细胞体外培养的人工合成的 MEM 培养基。在此基础上通过不断改良，现已开发了多种商业化的培养基，如 RPMI-1640 培养基、F12 培养基等。合成培养基成分已知，便于培养条件的控制。但与天然培养基相比，有些天然的未知成分尚无法用化学成分替代，因此，动物细胞体外培养时多在基础合成培养基中加入一定量的天然培养基使用。

15.3.3.3 无血清培养基

动物血清成分复杂，虽然对细胞生长有效，但后期会对培养产物的分离、提纯及检测造成一定困难。另外高质量的动物血清来源有限，成本高，在大规模使用时受到限制。

无血清培养基就是全部采用化学成分配制、不添加血清的培养基。其在基础培养基中加入多种促细胞生长因子，包括胰岛素、转铁蛋白、激素、胰岛素、胰高血糖素、氢化可的松等。

15.3.4 常用溶液

15.3.4.1 平衡盐水

平衡盐水（BSS）由生理盐水和葡萄糖配制而成，具有维持细胞渗透压、调控培养液酸碱平衡等功能。BSS 中加入少量酚酞指示剂可以直观显示培养液 pH 的改变。Hanks 液和 Earle 液是两种常用的 BSS 基础溶液。前者缓冲能力较弱，后者缓冲能力较强。

15.3.4.2 pH 调整液

细胞对培养环境的酸碱度十分敏感。大部分合成培养基呈微酸性，培养前一定要用 pH 调整液将培养基的 pH 调到所需范围。如果在灭菌前就用 pH 调整液将培养基调至所需 pH，灭菌后其 pH 又会发生改变。因此，pH 调整液应单独配制，单独灭菌，灭菌后的培养基使用前再加入 pH 调整液。常用 pH 调整液有：3.7%、5.6%、7.4% 的 $NaHCO_3$ 溶液、4-羟乙基哌嗪乙磺酸（HEPES）液等。

15.3.4.3 细胞消化液

细胞进行培养前要用消化液把组织块解离成分散细胞，或在传代培养时使用消化液使细胞脱离贴壁器皿的表面并分散解离。常用消化液有以下两种。

1）酶解溶液

最常用的是胰蛋白酶，多分离自牛、猪等动物的胰脏，能水解细胞间的蛋白质。胰蛋白酶溶液常配成 0.125% 和 0.25% 两种浓度，用无 Ca^{2+} 和 Mg^{2+} 的溶液配制，调 pH 为 6.8～7.2。消化细胞结束时，加入少量血清或含血清的培养基可终止胰蛋白酶溶液的水解作用（血清中含有抗蛋白酶成分）。此外，链霉蛋白酶、骨胶原酶、透明质酸酶等也可用于消化细胞。

2）乙二胺四乙酸二钠（EDTA）溶液

EDTA 是一种化学螯合剂，其溶液又称 Versen 液，对细胞具一定的解离作用。其因经济方便、毒性小、易配制而成为常用的细胞消化液。常用浓度为 0.02%。

EDTA 常与胰蛋白酶混合使用，解离效果更好。在消化新鲜动物组织时，可将 EDTA 与胰蛋白酶按不同体积比例（1∶1 或 2∶1）混合使用。

15.3.4.4　抗生素溶液

动物细胞体外培养过程中，常在培养液中加入适量的抗生素，以防止微生物等的污染。常用抗生素有青霉素、链霉素、卡那霉素、制霉菌素等。青霉素能抑制细菌细胞壁的合成；链霉素、卡那霉素能抑制细菌蛋白质的合成；制霉菌素能干扰细菌细胞膜的合成。

15.4　体外培养细胞生长和增殖过程

体外培养动物细胞时，空间和营养都是有限的。因此，当细胞达到一定密度后，就需要分离出一部分细胞或更换营养液，否则会影响细胞的生长。

动物细胞体外培养一般分为组织获得、组织消化、接种、原代培养、传代培养几个过程。以人体肺组织细胞培养为例，培养过程如图 15.7 所示，大致都要经过图 15.8 所示的几个主要阶段。

1）原代（初代）培养期

从动物体内取出组织，接种培养到第一次传代培养这个阶段为原代培养期，一般持续 1～4 周。在这个阶段，细胞比较活跃，有细胞分裂，但不旺盛，细胞多呈二倍体核型。

2）传代期

原代细胞一经传代培养便称为细胞系。在培养条件好的情况下，细胞增殖旺盛，并能维持二倍体核型。一般情况下，当传代 10～50 次后，细胞增殖逐渐缓

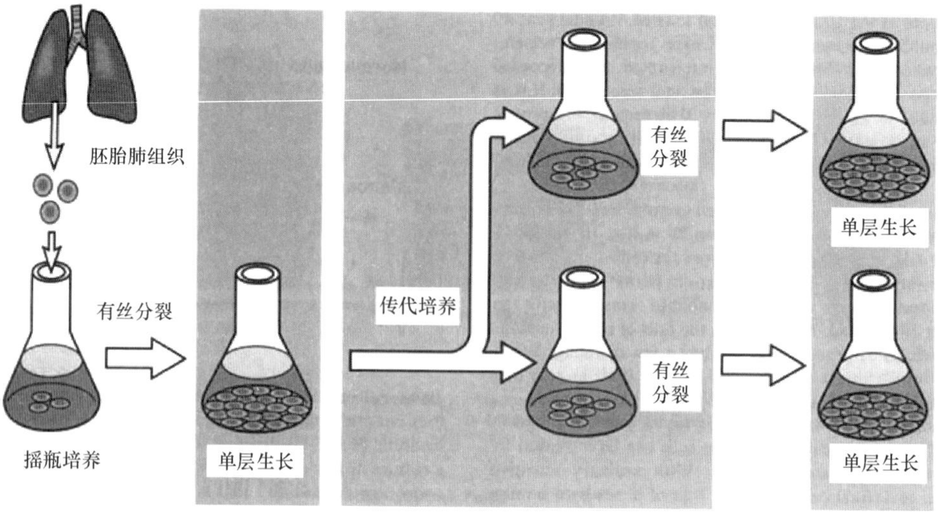

图 15.7 人体肺组织细胞培养过程图解

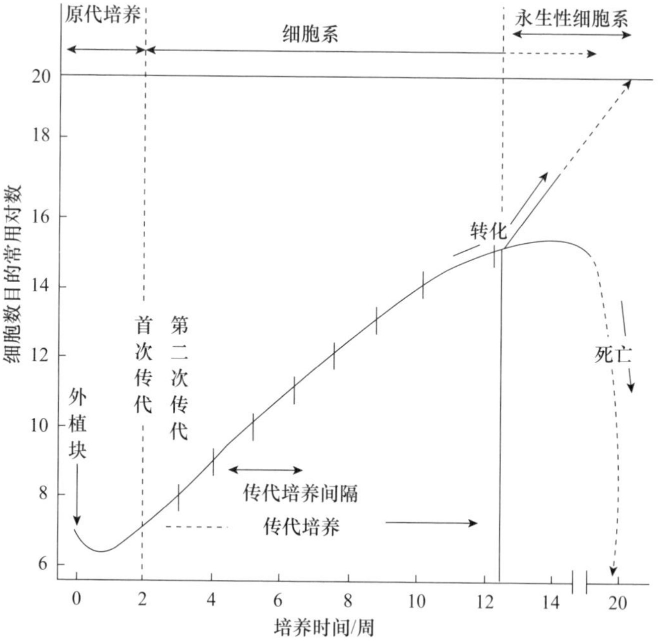

图 15.8 动物细胞培养过程生长曲线（鄂征，1995）

慢，以致完全停止。

3）衰退期

该阶段细胞增殖很慢或不增殖。细胞形态轮廓增强，最后开始衰老凋亡。

15.4.1　原代培养

15.4.1.1　组织块原代培养

处死动物，取出组织块放入小烧杯中，用尖嘴眼科剪刀将组织块剪碎成 $1mm^3$ 大小，用吸管吸取 Hanks 液冲下剪刀上的碎块，补加 3～5mL Hanks 液，吸管轻轻吹打，低速离心，弃去上清液，留下组织块。也可用两把手术刀片将组织块切碎，这样对细胞损伤较小，但操作时间长，容易污染。对某些软组织（如肿瘤、胚胎、脑等），可将组织块放入注射器玻璃管中挤压分离，也可用 1mm、10μm、20μm 三种规格的不锈钢或尼龙网筛挤压分离。

待准备好培养瓶后，用吸管吸出组织块一一放入培养瓶内，在瓶壁上摆匀，加入培养液，塞上瓶塞，翻转培养瓶使贴有组织块的瓶壁朝上，置于 37℃培养箱静置培养，待细胞生长成单层后再进行传代培养。为促进细胞贴壁，也可先在瓶内壁涂一层血清。

15.4.1.2　组织消化原代培养

1）取材与消化

用酶解等方法将剪碎的动物组织块分散成细胞团或单细胞。

（1）胰蛋白酶适用于细胞间质较少的软组织，如胚胎、羊膜、上皮、肝、肾等。一般方法是：将剪碎的组织块放入有玻璃珠的三角烧瓶中，加入 30～50 倍体积的 0.25% 胰蛋白酶；37℃水浴消化 30～60min，每 5～10min 摇动一次，根据效果可中间更换消化液；Hanks 液漂洗两次，每次 2～3min；800r/min 离心 5min，弃上清液，加入营养液，如还有组织块，可用纱网过滤。

（2）胶原酶对胶原和细胞间质有较强的消化作用，适用于消化纤维组织、上皮组织、癌组织等。此酶不受 Ca^{2+} 和 Mg^{2+} 的螯合作用，可用 BSS 和含血清培养基配制成 200 单位 /mL 或 0.1～0.3mg/mL 浓度，作用温和，无须机械震荡。消化方法如下：向培养瓶中放入 1～$5mm^3$ 大小碎组织块，加 5mL 2000 单位 /mL 的胶原酶液，使终浓度为 200 单位 /mL，pH6.5；36.5℃水浴 4～48h，视情况可适当延长，无须摇动，其间可更换酶液一次；当组织块已变软，分散于瓶底，轻微震荡即散成细胞团或单细胞时，小心倒出培养液，瓶底可能附着一些巨噬细胞，借此可将其分开，单独培养或弃之不用；800r/min 离心 5min，弃上清液，重悬于 BSS 中，重复离心一次；加入培养液制成细胞悬液用于接种。

（3）链霉蛋白酶、黏蛋白酶、蜗牛酶等也可用于动物组织或传代细胞的消化，可根据动物组织的特点适当选用。

2）原代培养过程

培养期间，每 1～2d 对培养的细胞做常规检查，包括是否污染、细胞生长状况、培养液的 pH 等，并根据情况及时处理。对于贴壁生长的细胞检查包括以下内容。

（1）检查细胞形态及活力：将培养瓶放在倒置显微镜下观察，状态良好的细胞应是轮廓形态不十分清晰，较透明。生长不良的细胞轮廓反而清晰，细胞间隙增大，胞内有空泡、脂滴、颗粒等出现，细胞形态不规则。细胞活力以活细胞占计数细胞总数的百分比来计算。

（2）检查培养液 pH 及污染：新鲜培养液呈桃红色，pH 为 7.2～7.4。经过一段时间的培养，CO_2 的积累造成培养液 pH 下降，由桃红色变成黄色。应及时更换培养液，一般 3～4d 换一次。CO_2 培养箱能自动控制 CO_2 的含量为 5%。培养瓶口盖需拧松或使用无菌纱布棉塞以保证透气。细菌污染时培养液变浑浊，镜检确认有无细菌污染。污染危害最大又不易发现的是支原体污染，支原体个体小（0.25～1μm），能透过细菌漏斗，污染时无明显变化，因此不易发现。所以，应该严格进行无菌操作，以避免污染的发生。

15.4.2 传代培养

当原代培养的细胞分裂增殖成片时需要进行传代培养。细胞 80%～90% 或刚刚全部汇合成片时是传代的理想时期。目前，多采用酶消化分散细胞进行传代（图 15.9），一般步骤如下。

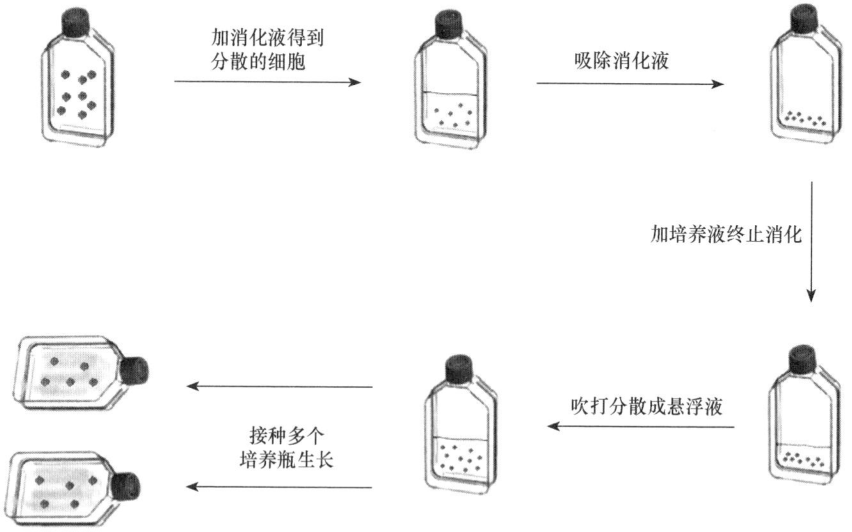

图 15.9 消化法传代培养过程示意图

（1）用吸管吸出培养瓶内旧培养液。

（2）加入胰蛋白酶和 EDTA 混合液覆盖有细胞生长的瓶底。

（3）2～5min 后检查，如有细胞间隙变大、细胞质回缩现象，加入含血清的新鲜培养基终止酶消化。

（4）用吸管吸出消化液，加入 Hanks 液，轻轻转动培养瓶洗去残留的消化液。

（5）用吸管轻轻吹打瓶壁，使细胞脱落，制成细胞悬液。

（6）细胞计数，计算细胞浓度，用培养液稀释后重新接种进行传代培养。

15.5 适合体外培养的动物细胞类型

15.5.1 原代细胞

动物细胞培养生产生物制品最早采用的是原代细胞。1949 年，恩德斯（Enders）利用胚胎组织细胞生产脊髓灰质炎灭活疫苗。使用得较多的有鸡胚细胞、原代兔肾细胞或鼠肾细胞、血液淋巴细胞。由于原代细胞是一次性培养，因此需要大量动物组织，成本高、费时费力。但是，由于原代细胞具有类似体内细胞的特点，因此在药物筛选等方面具有非常大的应用价值。

15.5.2 有限细胞系

不同于微生物细胞和植物细胞，正常的动物细胞不能无限分裂而连续培养下去，因此传代培养获得的细胞系多是有限细胞系（finite cell line），传代次数一般都不超过 50 代。有限细胞系具有正常二倍体染色体组，具有贴壁和接触抑制特性，只有有限的增殖能力，无致瘤性。该类细胞一般从动物的胚胎中分离。第一批获得批准用于脊髓灰质炎灭活疫苗生产的二倍体细胞有 WI-38 细胞、MRC-5 细胞等。

15.5.3 无限细胞系

当一些动物细胞发生异倍化（即具有异倍体核型），就可能具有无限分裂的能力而实现连续培养，成为连续细胞系（infinite cell line），也称为无限细胞系。可以人为构建无限细胞系细胞，满足动物细胞生物制药等应用需求，主要方法有细胞融合、细胞转化。

15.5.3.1 融合细胞

通过细胞融合技术可得到具有两亲本特征的细胞。例如，杂交瘤技术将具有无限分裂能力的骨髓瘤细胞与不能无限分裂的淋巴细胞融合，构建的人造细胞具有无限分裂的能力。

15.5.3.2 细胞转化

细胞转化（cell transformation）是指细胞发生遗传改变而产生永生化，可以在体外进行无限传代和生长繁殖。

细胞转化分为一般转化和恶性转化，从产生方式上又分成细胞自转化和人工诱发转化。人工诱发转化方法包括：致癌化学物转化、病毒转化、癌基因转化等。细胞一般转化与癌变不同，没有致瘤性。从安全性上考虑，动物细胞大规模培养使用的转化细胞都是一般转化的细胞。转化细胞于 20 世纪 80 年代获得批准用于生产，具有生长快速、细胞类型均一等优点。同时，转化细胞具有无限的增殖能力，倍增时间短，对培养条件要求低，适合大规模工业化生产需要。

15.5.4 动物细胞大规模培养常用细胞株

1）CHO 细胞

1957 年，CHO 细胞（Chinese hamster ovary cell）从中国地鼠卵巢中分离，亚二倍体，有多种突变株，既能贴壁生长，也可以悬浮培养，对剪切力和渗透压改变有较高的忍受能力。

2）Vero 细胞

1962 年，Vero 细胞（Vero cell）由日本科学家从非洲绿猴肾中分离，异倍体，呈上皮型、贴壁型，是最常用的大规模培养的动物细胞之一。

3）BHK-21 细胞

1961 年，BHK-21 细胞（baby hamster kidney cell-21）由英国科学家从叙利亚地鼠肾中分离，异倍体，成纤维样，贴壁型，可悬浮生长，广泛用于各种病毒增殖，生产兽用疫苗。最常用的是 BHK-21 细胞的一个亚克隆细胞 C13。

4）WI-38 细胞

1961 年，WI-38 细胞由 Wister 38 研究所从女性高加索人胚肺组织中获得，二倍体，成纤维样，贴壁生长，倍增时间为 24h，有限寿命为 50 代。其对许多病毒敏感，用于生产人用病毒疫苗。

15.5.5 细胞冷冻保存

对具有一定特性的稳定细胞系或细胞株进行长期保存，一方面可以作为细胞研究的实验材料，另一方面可以做细胞制品的生产材料。比较常用的程序性逐级冷冻保存细胞的大致流程如下。

（1）细胞经消化分散后，用冷冻保护剂［含 10% 血清的培养液中加 10% 的甘油或者 7.5%～10% 的二甲亚砜（DMSO）细胞保护剂］冷却，同时将细胞悬液稀释成 2×10^6～5×10^6 个细胞 /mL。冷冻保护剂的作用是结合细胞中的水分子，降温时减少细胞内冰晶分子的形成，避免对细胞造成伤害。细胞内冰晶分子形成越少，细胞受损害越轻。

（2）按 1mL/ 安瓿的量分装细胞悬液，在火焰下将安瓿封口。如果装量过大，保护剂对细胞渗透作用不匀，冷冻效果不好。

（3）将封口的安瓿放入慢冻机内，按每分钟下降 1℃的速度缓慢冷冻。加保护剂的细胞悬液经缓慢冷冻，温度降至 −25℃。

（4）冻结好的安瓿放入 CO_2 低温冰柜或液氮罐中，温度达 −190～−150℃。

（5）复苏时将装有冰冻细胞悬液的安瓿取出，立即放入 37℃水浴中快速融化。

15.6　动物组织或细胞小规模培养

15.6.1　悬滴培养

悬滴培养是动物组织培养的经典方法，由哈里森（Harrison）于 1907 年创立。将组织或器官植块接种在一张盖玻片上，滴上一滴培养液，然后翻转盖玻片使植块及培养液悬挂在盖玻片下，再置放于一凹形载片之上，最后用熔蜡密封后放入培养箱中培养。1912 年，卡雷尔（Carrel）将无菌操作引入培养过程。

15.6.2　灌注小室培养

1912 年，伯罗（Burrows）尝试灌注小室培养，他将细胞接种于一个由上下两个盖玻片（分别构成上壁与下壁）与一金属圈（构成侧壁）密封围成的小室内培养。在小室的侧面分别有液体流入口和流出口，供新鲜培养液流入小室和旧培养液排出，实现营养液循环供应（图 15.10）。灌注小室培养的优点是细胞生长较少受代谢产物积累的影响。后来许多大规模培养系统在设计上都参考了灌注小室培养的原理。

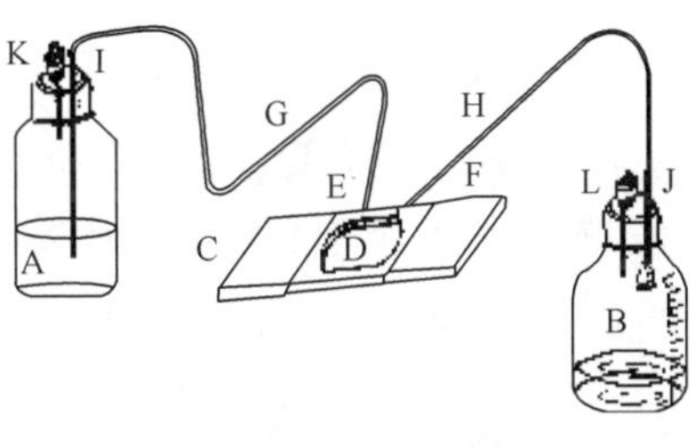

图 15.10　灌注小室培养示意图
（薛庆善，2001）

A. 排液瓶；B. 受液瓶；C. 不锈钢灌注小室；D. 小孔道；E、F、J. 2 号注射针头；G、H. 塑料导管；I. 玻璃导管；K、L. 14 号注射针头

15.6.3 培养瓶培养

1923 年，卡雷尔（Carrel）设计出卡氏瓶。早期的培养瓶主要是玻璃培养瓶，玻璃多采用硼硅酸玻璃。目前主要采用一次性的塑料培养瓶。卡氏瓶具有较大的表面积，同时瓶口较小，并与瓶体成一定角度，这些结构特点适合动物细胞培养，并能有效避免污染。

15.6.4 培养板培养

培养板培养是目前实验室小规模培养动物细胞的常规方法之一。将细胞接种在培养板的孔内，然后置于 CO_2 培养箱内培养。最常用的培养板有 6 孔、24 孔和 96 孔培养板，一般都是一次性使用。

15.6.5 旋转管培养

培养瓶与培养板培养都属于静止培养，营养、气体、代谢产物的吸收和排放等基本都是通过扩散进行的，具有很多不足，如细胞生长环境不均匀、不利于营养吸收与代谢产物积聚、需要经常手动摇动混合等。

1933～1934 年，盖尔（Gey）和刘易斯（Lewis）建立了旋转管培养方法。将细胞接种于一管状培养器皿中，再将其固定在一可以旋转的装置上旋转培养。培养物可以交替地接触培养液和气体环境，利于细胞或组织成长。也可以将细胞接种于载玻片上，再放入旋转管内培养，方便取出观察、染色分析。

15.6.6 转瓶培养

借鉴旋转管培养，将旋转管改为转瓶，转瓶固定在可旋转的支架上，倾斜度为 5°～10°，转瓶随着转轴以每小时 6～12 转缓慢转动。细胞贴附于转瓶内壁，通过转动可使细胞交替接触培养液和空气，营养可被充分利用。转瓶体积远大于旋转管，所以适合细胞大规模培养。若需提高细胞产量可以增加转瓶的数量和容积。但是，转瓶培养具有劳动强度大、占用空间大而提供面积有限、相对细胞产率较低、监控不便等不足。

15.7 动物细胞大规模培养

15.7.1 悬浮培养

少数动物细胞属于悬浮生长型，经过细胞融合和细胞转化获得的一些细胞也可以悬浮生长。这些细胞的培养类似微生物与植物细胞的悬浮培养，传代时不需要再分散，只需按比例稀释后即可传代培养。悬浮培养的动物细胞增殖快、产量高、培养过程简单，是动物细胞大规模培养的理想模式。悬浮培养可以使用传统的生物反应器，但是，由于动物细胞没有细胞壁，对剪切力敏感，因此一般需要对传统的生物反应器进行改造。

15.7.2 微载体培养

15.7.2.1 微载体特点

1967 年，维茨尔（van Wezel）开发了微载体系统培养贴壁依赖型动物细胞。将微载体置于生物反应器中，可以实现贴壁细胞的悬浮培养，在大规模培养中广泛使用。

微载体包括实心微载体、多孔微载体等，理想的微载体应该具备以下几个特征。

（1）良好的生物相容性、无毒无害。

（2）良好的黏附性，一般带正电荷。

（3）较大的比表面积，颗粒均匀，孔径均一。

（4）良好的传质性能。

（5）强的机械性能。

（6）良好热稳定性。

15.7.2.2 多孔微载体

使用传统的实心微载体，在培养后期细胞会由于老化而降低贴壁能力，容易从微载体上脱落下来，同时细胞贴壁需要血清的帮助。

多孔微载体是近年来发展起来的一种用于大规模高密度动物细胞培养的支持物，其内部具有网状结构的小孔，因此能使细胞在其内部生长，可降低血清用量。多孔微载体用于动物细胞培养具有许多优点：细胞容易贴附；大的比表面积保证细胞充分的生长空间；细胞生长在载体内部，能免受机械损伤，同时又可以提高搅拌强度和通气量，强化传质。因此，多孔微载体不仅能培养贴壁细胞，也适合于悬浮细胞的固定化连续灌流培养。多孔微载体的制备方法有多种，需根据材料的特性及实际要求来选择，多孔微载体的制备如图 15.11 所示。

以高温烧结法制备多孔陶瓷载体（$2MgO \cdot 2Al_2O_3 \cdot 5SiO_2$）为例，其大致步骤如下。

（1）取一定比例的高岭土、云母、矾土、氢氧化铝和二氧化硅，碾成细末并

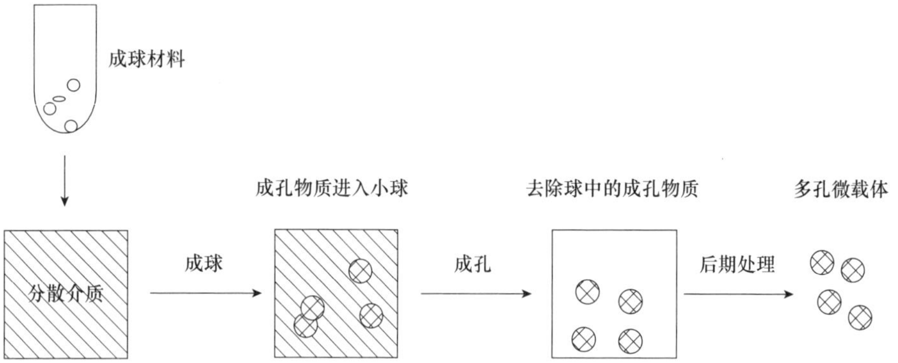

图 15.11　多孔微载体的制备

充分混合，加入甲基纤维素水溶液制成浆液，在一定压力下通过模具，将浆液挤压成合适大小的球状颗粒并干燥。

（2）在高于 1000℃的温度下烧结几个小时，形成一定大小的陶瓷小颗粒。小颗粒内部的微孔主要是通过其中的云母含量来控制。将陶瓷小颗粒加热至 1400℃，熔化其中的云母，便形成多孔陶瓷载体，经筛分、酸洗、碱洗之后就可以制成成品。

15.7.2.3　微载体培养动物细胞

1）选择合适的微载体

针对某一类型的动物细胞，比较不同微载体的细胞贴壁率、细胞容纳量、微载体用量、搅动速度等，选择合适的微载体。

2）浸泡水化及消毒

在玻璃容器中加入适量的微载体，按 50～100mg/g 的比例加入无 Ca^{2+}、Mg^{2+} 的磷酸盐缓冲液（PBS）浸泡 3h 以上，轻轻搅动。然后用一半体积的新鲜 PBS 再洗一次。1.0×10^5Pa 高压蒸汽灭菌 15min。

3）接种

根据动物细胞类型，决定接种的细胞浓度。不同细胞种类及细胞株接种浓度不尽相同。例如，人成纤维细胞的适宜接种浓度为 10 个细胞 / 微载体；Vero 细胞为 5 个细胞 / 微载体。

4）培养观察与细胞计数

显微镜下直接观察微载体上细胞贴附与生长情况。细胞计数时可将微载体上的细胞用酶消化得到细胞悬液进行计数。

5）消化与细胞回收

传代培养或收获细胞均需使细胞脱离微载体，通常采用酶消化法。细胞在碱性环境下贴壁较差，消化前先去掉已经变为酸性的培养液，再在 pH7.6 的酶液中消化解离微载体上的细胞。待微载体沉降后除去培养液，用含 0.25%（*W*/*V*）EDTA 的 PBS（pH6.7），按 50～100mL/g 微载体的量清洗微载体，弃 EDTA-PBS，加入胰蛋白酶-EDTA，37℃搅动消化 15min 后，加入含 10% 血清的培养液，按 20～30mL/g 微载体的量终止消化，获得解离的悬浮细胞。

6）细胞收获

可用过滤方法收获解离后的动物细胞：采用 100μm 孔径的尼龙网、不锈钢网、多孔玻璃滤器等将细胞与微载体分离开。也可以离心收获细胞：将含微载体的培养液放入细长容器，400r/min 离心 2min，于上清液中分离收集细胞。

7）传代培养

从微载体中分离出来的细胞可进一步传代培养。如果进行放大培养，可在细胞脱离微载体后，加入一些新的微载体进行培养，也可在微载体长满细胞后直接加入微载体进行“球传球”传代培养。

15.8　动物细胞培养的生物反应器

15.8.1　普通生物反应器改造

动物细胞没有细胞壁，非常脆弱，对剪切力敏感，大多需要贴壁生长，因此传统的微生物发酵罐不适合动物细胞培养，需要进行反应器结构改造以及特殊载体的选择。一般情况下，用于动物细胞培养的生物反应器应具备以下特点。

（1）能提供均匀、温和的混合状态，剪切力小，但又要保证良好的传质效果。

（2）反应器内空间设计要利于合适的微载体使用。

（3）能严格保证无菌环境。

（4）能精确地控制温度、酸碱度、溶解氧和 CO_2 浓度等条件。

（5）能够方便、快捷地实现培养液的连续添加、采样和观察。

笼式通气搅拌生物反应器通过设计笼式搅拌器，将气泡用丝网隔开，不与细胞直接接触（图 15.12、图 15.13）。搅拌器为非桨叶式，通过搅拌器旋转，带动上端 3 个导流筒同步旋转，从而促进流体循环。这样的生物反应器结构设计既保证混合效果又尽可能减小剪切力对细胞生长的影响。

图 15.14 显示的是一种机械搅拌结合鼓气的微载体培养用生物反应器。将微载体和生物反应器系统结合培养动物细胞具有以下优点。

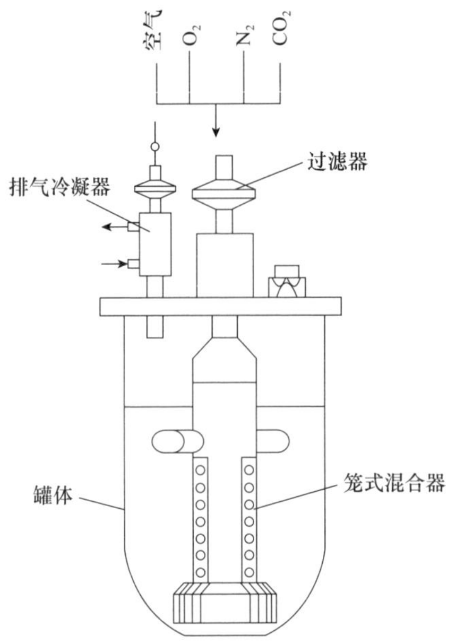

图 15.12　笼式鼓气生物反应器
（杨吉成，2001）

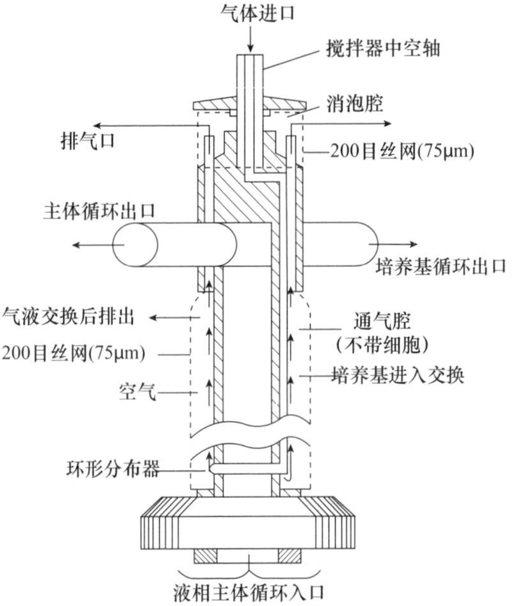

图 15.13　笼式混合器示意图
（杨吉成，2001）

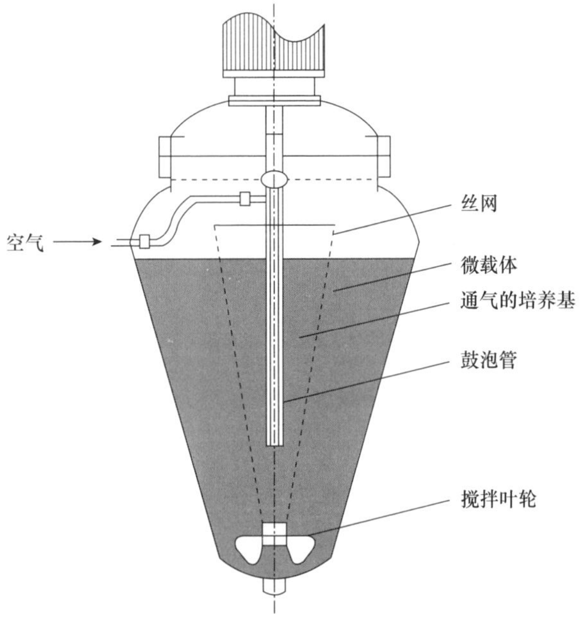

图 15.14　机械搅拌结合鼓气的生物反应器（杨吉成，2001）

（1）模拟了体内细胞生长的三维环境，细胞可以多层生长。
（2）表面积 / 体积（S/V）大，单位体积培养液的细胞产率高。
（3）把悬浮培养和贴壁培养融合在一起，兼有两者的优点。
（4）培养液可以循环使用，利用率较高。
（5）放大容易，劳动强度小。
（6）细胞接种、收获简便。
（7）生物反应器空间利用率高。

15.8.2　中空纤维生物反应器

动物细胞在活体内生存的空间是立体三维空间。不同的细胞能以多层的形式相互堆积而形成组织。在组织内部或细胞之间分布着毛细血管，组织或细胞生长、代谢所需的营养都是由毛细血管供给的。前面介绍的细胞培养技术中细胞生长在二维空间里，细胞一般都是沿着培养器皿的表面单层生长，当细胞增殖至相互接触时就会发生接触抑制。

1972 年，理查德 · 克瑞克（Richard Kncazek）等发明了中空纤维细胞培养技术。最初使用的中空纤维是一种由醋酸纤维素和硝酸纤维素混合组成的可透性膜，其表面有许多海绵状多孔结构。这样动物细胞能在上面贴附生长，水分子、营养物质和气体可以从纤维内部透过。中空纤维细胞培养模拟了细胞在体内生长的三维状态，利用人工的“毛细血管”——中空纤维来供给细胞生长的营养。中空纤维生物反应器主体是中空纤维管束。目前，已开发出由硅胶、聚砜、聚丙烯等材料构建的中空纤维。中空纤维生物反应器主要有柱状、板框式、中心灌注式等几种形式。

1）柱状中空纤维生物反应器

中空纤维束由外壳包裹，反应器可分为中空内腔与中空外腔两部分，每部分各有其进出口。壳体部分的细胞若是贴壁型的，则附着在中空纤维外侧，培养结束后用胰蛋白酶消化液可将其消化并冲出；若是非贴壁型的应采用微滤材料将其截留在壳体内（图 15.15）。

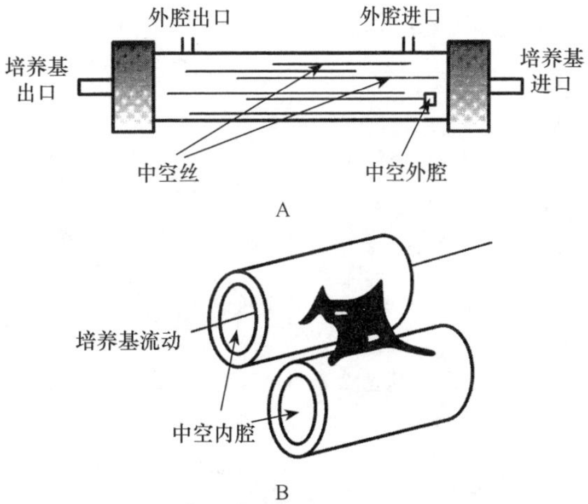

图 15.15　柱状中空纤维生物反应器示意图
A. 反应器罐体；B. 中空纤维

2）板框式中空纤维生物反应器

由于柱状中空纤维生物反应器中营养物质和代谢产物会存在浓度梯度，所以细胞分布不均匀，一定程度上限制了培养系统的进一步放大。由此，人们开发出板框式中空纤维生物反应器（图 15.16）。该反应器的中心是一束中空纤维极，置于两个不锈钢微孔滤板之间，培养液通过滤板垂直流向纤维极平面。这种中空纤维反应器虽然一定程度上克服了柱状中空纤维生物反应器的不足，但是因为中空纤维浅床厚度有限，因而培养系统也比较难放大。

3）中心灌流式中空纤维生物反应器

1986 年，撒瑞克恩（Tharakan）等设计出一种从反应器中央辐射状供应培养液的反应器，称为中心灌流式生物反应器（图 15.17）。该反应器中央为一多孔状管道，称为中央分配管。分配管的外周包围着多层与其平行排列的中空纤维管。培养细胞时，培养液从中央分配管的两端进入反应器，再由孔流出、穿过中空纤维管的壁进入中空纤维管内部。中空纤维管内通入气体，一方面带动培养液流动，另一方面进行气体交换。贴附在中空纤维管表面生长的细胞既能从流动的培养液中吸取营养，同时又能进行气体交换。这样，细胞生长的营养环境比较均匀，代谢产物也能及时排出。

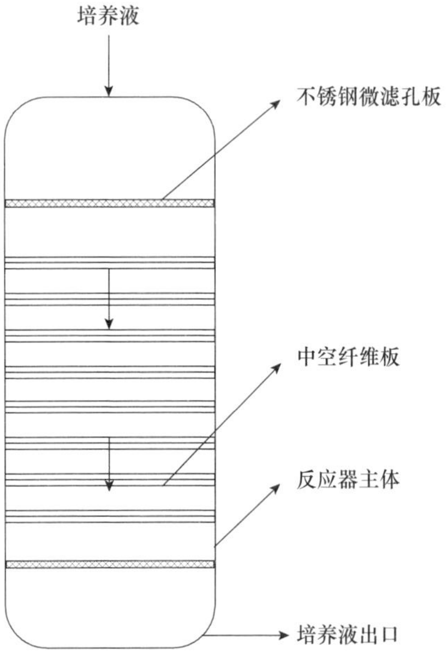

图 15.16　板框式中空纤维生物反应器

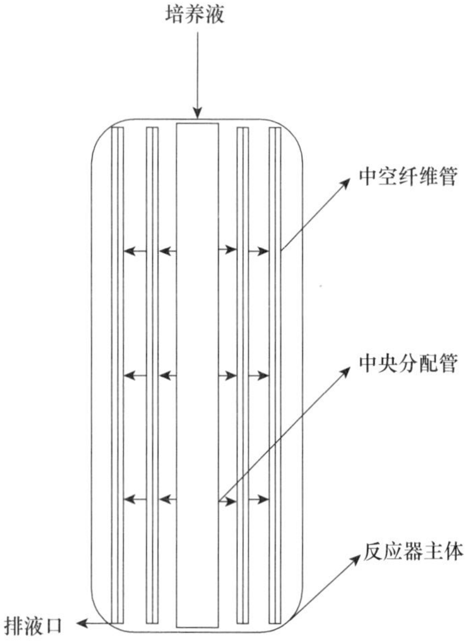

图 15.17　中心灌流式中空纤维生物反应器

15.9　动物细胞培养工艺

15.9.1　流加培养

细胞培养过程中营养被逐渐消耗，需要不断补充相应营养物，使细胞持续生长至较高的密度。流加培养是动物细胞培养常采用的培养方式。整个培养过程没有培养液流出或细胞回收，通常在细胞进入衰亡期或衰亡期后终止培养。需要流加的营养成分主要分为两大类。

（1）葡萄糖：是细胞的供能物质和主要的碳源。但是过高的葡萄糖浓度常产生大量的代谢副产物乳酸。因此培养液中需要一直保持合适浓度的葡萄糖。

（2）氨基酸、维生素及其他物质：主要包括必需氨基酸、非必需氨基酸、胆碱、生长因子等。谷氨酰胺浓度较高时产生大量的代谢副产物氨，谷氨酰胺耗竭是最常见的细胞凋亡原因，因此需要在培养过程中适时添加。不溶性氨基酸如胱氨酸、酪氨酸和色氨酸只在中性 pH 部分溶解，可以类似泥浆的形式进行脉冲式添加；其他可溶性氨基酸以溶液的形式用蠕动泵进行缓慢连续流加。

15.9.2　灌注培养

灌注培养（perfusion culture）是连续不断地灌注新的培养液，同时不断排出旧培养液，而细胞均保留在反应器内的培养方式。

灌注培养的细胞可以是悬浮细胞，也可以是贴壁依赖型细胞。动物细胞灌注培养的优点如下。

（1）细胞截留在生物反应器内，可以维持较高的细胞密度，从而提高了产品的产量。

（2）灌注速率容易控制，培养周期较长，可提高生产效率，目标产品回收率高。

（3）细胞稳定地处于较好的营养环境中，培养过程中可去除氨、乳酸、甲基乙二醛等有害代谢物质，减少细胞凋亡。

（4）可连续收获产品。

当然，动物细胞灌注培养也存在一些不足之处：培养周期长，污染概率较高；细胞分泌产品的稳定性较差；规模放大过程中还存在一些工程问题。

灌注式培养系统通常由反应器与新鲜培养基储罐、收液罐、蠕动泵和过滤器等组成。一种带有细胞回收的灌流式培养系统如图 15.18 所示。

使用不同类型的生物反应器进行动物细胞灌注培养具有不同的要求或特点。

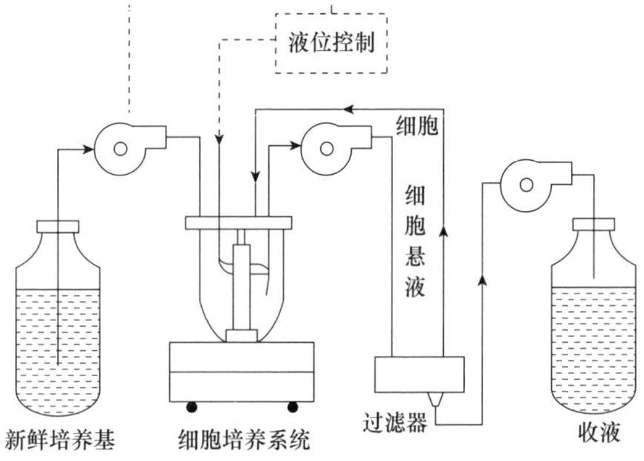

图 15.18 动物细胞的灌注式培养系统示意图（杨吉成，2001）

（1）采用传统搅拌式生物反应器进行灌注培养悬浮型细胞，需具有细胞截留装置。细胞截留可采用微孔膜过滤或旋转膜系统。

（2）对于微载体灌注培养，微载体由于重力而沉降，收获后返回生物反应器。上清液由蠕动泵输入收液罐。

（3）固定床生物反应器也适于进行灌注培养。固定床反应器中细胞可附着在载体上生长，也可截留在载体中生长，培养基不断流经载体填料，有利于营养成分、气体等物质传递，特点是灌流速度可控，细胞能高密度生长。

（4）中空纤维生物反应器便于进行连续灌注培养操作，可应用于产物分泌型动物细胞的培养，如培养杂交瘤细胞并生产单克隆抗体。

15.10 动物细胞大规模培养的影响因素

动物细胞大规模培养目前存在的主要问题包括：①细胞密度低，产物浓度低；②细胞在大规模、长时间培养过程中分泌产物能力下降；③动物细胞培养基、培养设备以及培养用微载体成本高；④目前对细胞代谢途径和生长动力学的研究比较欠缺；⑤在线监测水平技术不完善。

动物细胞大规模培养的影响因素如下。

15.10.1 氨

动物细胞培养中氨的积累是抑制体外细胞生长的主要因素之一。氨积聚使细胞内氨基己糖（UDP-*N*-乙酰葡糖胺和 UDP-*N*-乙酰半乳糖胺）增加，影响细胞的生长及蛋白质的糖基化过程。氨抑制谷氨酰胺（Gln）代谢途径，使天冬氨酸（Asp）和谷氨酸（Glu）消耗增加。

15.10.2　乳酸

乳酸是细胞糖代谢的产物。高浓度乳酸会抑制乳酸脱氢酶（LDH）。LDH 受抑制后会阻止 NADH 向 NAD 的转化及其偶联的丙酮酸 / 乳酸转换，从而导致 NADH 增加。NADH 增加，会部分抑制糖酵解。乳酸抑制糖酵解也会导致 Gln 消耗减少。由于糖酵解和 Gln 的分解速度降低，能量产生减少，更多的能量用于维持离子浓度梯度，因此高乳酸浓度会抑制细胞生长。由于 Gln 和葡萄糖代谢的相互影响，降低培养基中葡萄糖浓度以减少乳酸产生的同时，必须平衡葡萄糖和 Gln 的比例。

15.10.3　甲基乙二醛

甲基乙二醛（methylglyo xal，MGO）主要是丙糖磷酸去除磷酸基后的代谢产物，也是脂类、氨基酸代谢的产物，对细胞有潜在的损伤作用。甲基乙二醛能改变氨基酸、蛋白质和核酸的氨基和巯基。细胞内 MGO 的水平由乙二醛缩酶和还原酶两种酶来平衡，代谢途径是糖酵解途径。葡萄糖浓度很高（100mmol/L）时，细胞内甲基乙二醛几乎是正常培养条件下的两倍。增加培养基中 Gln 浓度也会引起 MGO 增加。通过流加培养限制葡萄糖用量，可降低细胞内 MGO 浓度。另外，培养基中加入胎牛血清也可降低 MGO 浓度。

15.10.4　二氧化碳

随着细胞培养规模和培养密度的增大，CO_2 会积聚，从而对细胞产生毒性或者改变细胞代谢水平。在一定的 pH 条件下，CO_2 分压升高会使培养基渗透压升高。通过控制通气量，平衡氧的输送及 CO_2 的去除，可防止生物反应器中 CO_2 的积聚。

15.10.5　渗透压

高渗透压不仅影响细胞生长速度、对数生长期的长短、细胞死亡的速度，而且会影响某些代谢产物积累。在培养基中加入甘氨酸、甜菜碱、三甲基甘氨酸或脯氨酸等渗透压保护剂，可在一定程度上减轻高渗透压对细胞的生长抑制作用。

15.10.6　载体

多孔微载体内部空间必须保证细胞能够进入生长。有些细胞株尽管能贴在微载体内，但“移动性”很差，需提高微孔的开放性或者改善其表面特性，在提高细胞贴壁率的同时增加细胞移动性。

15.10.7 细胞凋亡

在生物反应器中细胞死亡的主要原因是细胞凋亡，多是在营养成分耗尽、有毒代谢产物增多时发生。保证营养供给并及时排出有害代谢产物，避免其积累有助于减少细胞凋亡。

15.10.8 参数控制

大规模动物细胞培养中参数的在线监控非常重要。在生物反应器中，温度、pH、溶解氧浓度是细胞培养的重要控制参数，可通过在线葡萄糖分析仪测定调整灌流速度；测定氧消耗可估计代谢负荷。

复 习 题

1．与微生物、植物细胞相比，动物细胞有什么不同?
2．动物细胞培养的生物反应器有什么特殊的要求?
3．如何在动物细胞培养过程避免细胞凋亡?
4．简述微载体培养的特点。

扩展学习资料

刘轶，朱国强.2007．动物细胞培养及微载体技术研究进展．吉林农业大学学报，29（2）：203-206
宋洁梁，王国武，王瑾晔．2019．用于肿瘤细胞三维培养的多孔玉米蛋白微载体制备．高分子通报，（9）：36-44
徐冬冬，楚强，杨芸芸，等．2016．可用于功能性成分研究的Caco-2细胞中空纤维反应器的构建．浙江大学学报：农业与生命科学版，42（4）：401-410
颜旭，顾承真，张志强，等．2014．动物细胞灌注培养系统流程及其应用．动物医学进展，35（4）：125-128
周怡，杨美，王柏林，等．2019．动物细胞培养生物反应器研究进展．贵州畜牧兽医，43（4）：27-30
邹寿长，李干祥，杨葆生，等．2001．大规模动物细胞培养技术研究进展．生命科学研究，5（2）：102-108
Hutchings SE, Sato GH. 1978. Growth and maintenance of HeLa cells in serum-free medium supplemented with hormones. Proc Natl Acad Sci USA, 75 (2): 901-904

附表 15.1　动物细胞培养常用培养基（mg/L）

成分	MEM	DMEM	F12	RPMI	M199
丙氨酸	—	—	8.90	—	250.00
精氨酸	—	—	—	200.00	70.00
精氨酸·HCl	126.00	84.00	211.00	50.00	—
天冬酰胺·H_2O	—	—	15.01	—	—
天冬氨酸	—	—	13.30	20.00	30.00
胱氨酸·HCl·H_2O	—	17.56	0.11	—	—
胱氨酸	—	—	—	50.00	—
胱氨酸·2HCl	31.29	62.57	—	—	26.00
谷氨酸	—	—	14.70	20.00	66.00
谷氨酰胺	292.00	584.00	146.00	300.00	100.00
甘氨酸	—	30.00	7.75	10.00	50.00
组氨酸	—	—	—	15.00	—
组氨酸·HCl·H_2O	42.00	42.00	20.96	—	21.88
脯氨酸	—	—	—	20.00	10.00
异亮氨酸	52.00	105.00	3.94	50.00	20.00
亮氨酸	—	105.00	13.10	50.00	60.00
赖氨酸	—	146.00	36.50	40.00	70.00
甲硫氨酸	—	30.00	4.48	15.00	15.00
苯丙氨酸	32.00	66.00	—	—	0.05
维生素 E_α	—	—	—	—	0.01
生物素	—	—	0.0073	0.20	0.01
维生素 D_2	—	—	—	—	0.01
泛酸钙	1.00	4.00	0.48	0.25	0.01
氯化胆碱	1.00	4.00	13.96	3.00	0.50
叶酸	1.00	4.00	1.30	1.00	0.01
肌醇	2.00	7.20	18.00	35.00	0.05
2-甲基萘醌	—	—	—	—	0.01
烟酸	—	—	—	—	0.025
烟酰胺	1.00	4.00	0.037	1.00	0.025
对氨基甲苯酸	—	—	—	—	0.05
吡哆醇	—	—	0.062	1.00	0.025

续表

成分	MEM	DMEM	F12	RPMI	M199
吡哆醛	1.00	4.00	—	—	—
黄素	0.10	0.04	0.038	0.20	0.01
硫胺素	1.00	4.00	0.34	1.00	0.01
维生素 A	—	—	—	—	0.14
维生素 B	—	—	1.36	0.005	—
$CaCl_2$	200.00	200.00	33.22	—	200.00
$Ca(NO_3)_2 \cdot 4H_2O$	—	—	—	100.00	—
$CuSO_4 \cdot 5H_2O$	—	—	0.0025	—	—
$Fe(NO_3)_2 \cdot 9H_2O$	—	0.10	—	—	0.72
$FeSO_4 \cdot 7H_2O$	—	—	0.834	—	—
KCl	400.00	400.00	223.60	400.00	400.00
$MgCl_2$	—	—	57.22	—	—
$MgSO_4$	97.67	97.67	—	48.84	97.67
$NaH_2PO_4 \cdot H_2O$	140.00	125.00	—	—	140.00
NaCl	6800.00	4750.00	7599.00	5850.00	6800.00
Na_2HPO_4	—	—	142.04	800.00	—
$ZnSO_4 \cdot 7H_2O$	—	—	0.863	—	—
硫酸腺嘌呤	—	—	—	—	10.00
ATP	—	—	—	—	1.00
腺苷-磷酸	—	—	—	—	0.20
胆固醇	—	—	—	—	0.20
脱氧核糖	—	—	—	—	0.50
葡萄糖	1000.00	4500.00	1802.00	2000.00	1000.00
谷胱甘肽	—	—	—	1.00	0.05
鸟嘌呤	—	—	—	—	0.30
羟乙基哌嗪乙磺酸	5959.00	3574.50	—	—	—
次黄嘌呤	—	—	4.77	—	0.354
亚油酸	—	—	0.084	—	—
亚辛酸	—	—	0.21	—	—
酚红	10.00	15.00	1.20	5.00	20.00
腐胺	—	—	0.161	—	—
核糖	—	—	—	—	0.50

续表

成分	MEM	DMEM	F12	RPMI	M199
乙酸钠	—	—	—	—	50.00
胸腺嘧啶	—	—	—	—	0.30
胸苷	—	—	0.73	—	—
吐温 80	—	—	—	—	20.00
鸟嘌呤	—	—	—	—	0.30
黄嘌呤	—	—	—	—	0.344
丙酮酸钠	—	—	110.00	—	—

附表 15.2　BSS 溶液（mg/L）

成分	PBS	Hanks	Earle	D-Hanks	Tyrode
$CaCl_2$	—	0.14	0.2	—	0.2
KCl	0.2	0.40	0.04	0.4	0.2
KH_2PO_4	0.2	0.06	—	0.06	—
$MgCl_2 \cdot 6H_2O$	—	0.10	—	—	0.1
$MgSO_4 \cdot 7H_2O$	—	0.10	0.2	—	—
NaCl	8.0	8.0	6.68	8.0	8.0
$NaHCO_3$	—	0.35	2.2	0.35	1.0
$Na_2HPO_4 \cdot 7H_2O$	2.16	0.09	—	0.09	1.0
$NaH_2PO_4 \cdot H_2O$	—	—	0.14	—	0.05
葡萄糖 d-G	—	1.0	—	—	—
酚红	—	0.01	0.02	0.01	—

第16章 动物细胞生物制药

16.1 基于天然动物细胞的生物制药

20世纪70年代发展起来的杂交瘤技术使动物细胞应用进入了一个新的领域。利用生物反应器大规模培养动物细胞生产具有重要医用价值的酶、生长因子、疫苗、干扰素等已成为医药生物高技术产业的重要部分。

16.1.1 病毒疫苗

疫苗（vaccine）是指用各类病原微生物制作的用于预防接种的生物制品，将病原微生物（如细菌、立克次氏体、病毒等）及其代谢产物，经过人工减毒、灭活或利用转基因等方法制成免疫制剂，用于预防传染病。病毒疫苗主要包括以下几种类型。

（1）灭活疫苗：常以甲醛为灭活剂，灭活病毒核酸而不影响其抗原性。例如，流行性乙型脑炎疫苗、狂犬病疫苗、流感灭活疫苗等。

（2）减毒活疫苗：采用自然方法或人工方法通过动物传代或细胞传代筛选对人毒性低的变异株病毒。常见的有脊髓灰质炎疫苗、麻疹疫苗、流感温度敏感突变株疫苗、流行性腮腺炎疫苗、风疹疫苗、黄热病疫苗以及一些联合疫苗（如麻疹、腮腺炎、风疹联合疫苗）等。

（3）亚单位疫苗：用化学试剂裂解病毒，提取包膜或衣壳上的亚单位，除去其核酸，以此制成的疫苗称亚单位疫苗。例如，提取流感病毒的包膜制成的血凝素和神经氨酸酶亚单位疫苗。

（4）基因缺失的减毒活疫苗：使病毒基因组中与毒力的相关基因发生缺失而制成的减毒活疫苗。例如，狂犬病毒的胸苷激酶（TK）缺失株（第一代）和gp3区缺失株（第二代）。

（5）基因工程亚单位疫苗：将病毒表面抗原基因通过基因重组在酵母或CHO细胞中进行表达亚单位多肽抗原成分而制成的疫苗。例如，乙型肝炎病毒的表面抗原HBsAg的基因在酵母和CHO细胞中表达而提取获得的纯品HBsAg多肽。

病毒需在敏感细胞中才能增殖。第一代病毒疫苗采用鸡胚接种或动物接种的方法来制备病毒液，具有材料来源困难、成本高、产量低、安全性差等缺点。

采用原代细胞培养制作的疫苗称为第二代病毒疫苗，如麻疹疫苗、乙脑疫苗等。随后筛选了适合工业化生产的细胞株（如 WI-38 细胞、Vero 细胞等），为大规模生产病毒疫苗提供了可能。迄今，基于动物细胞大规模培养生产的病毒疫苗有脊髓灰质炎疫苗（Vero 细胞）、狂犬病毒疫苗（人二倍体细胞）、流行性乙型脑炎疫苗（人二倍体细胞）、巨细胞病毒疫苗（WI-38 细胞）等。

基于动物细胞培养的灭活病毒疫苗生产流程包括：敏感细胞获得与培养、接种病毒感染细胞、更换培养液继续培养、收获病毒液、灭活、安全性与效力检测、收获成品。

需要注意的问题如下。

（1）应挑选那些致病性低、免疫效价高而持久、抗原谱广、易增殖、便于生产、可在传代细胞上增殖的病毒。

（2）培养病毒的细胞若有潜在的致癌性以及有支原体污染均不能用于疫苗生产。此外，若细胞本身发生转化也不宜用于制备灭活疫苗。

（3）细胞培养液中多少含有一定量的血清蛋白，在疫苗生产使用中常会出现某种程度的过敏反应，应尽量使细胞适应无血清培养基培养，以消除过敏原。

（4）病毒灭活程度与灭活温度和甲醛的浓度等因素有关。用甲醛制备灭活病毒疫苗要控制浓度，过量的甲醛常采用亚硫酸氢钠中和。

16.1.2 干扰素

1957 年，英国的伊萨克斯（Isaacs）和瑞士的林德曼（Linderman）在利用鸡胚绒毛尿囊膜研究流感干扰现象时发现病毒感染的细胞能产生一种因子，可干扰病毒的复制，将其命名为干扰素。**干扰素**（interferon，IFN）是一种细胞因子，是真核细胞对各种刺激反应后形成的一组复杂的蛋白质（主要是糖蛋白）。

天然干扰素种类繁多，分子质量也不同，亦有不同的抗原性。根据世界卫生组织规定，将人细胞所产生的多种干扰素按其抗原性不同分为 α、β 和 γ 三类。IFN-α 和 IFN-β 分别由白细胞和成纤维细胞产生，IFN-γ 主要由 T 淋巴细胞分泌。在 α、β 与 γ 三型干扰素中根据氨基酸序列不同，又可分为若干亚型，IFN-α 至少有 20 个亚型，IFN-β 则有 4 个亚型，IFN-γ 只有 1 个亚型。

干扰素的研究、生产和应用经历了从天然到基因重组和蛋白质工程 3 个阶段。由于天然干扰素制备成本高，纯度不够，限制了其临床应用，目前已逐渐被基因重组技术生产的干扰素代替。

成纤维细胞 IFN-β 的生产可以采用动物细胞培养的方法，但生产规模有限。人源性 IFN-β 生产最常用的细胞是人包皮成纤维细胞 FS-4 和 FS-35。生产系统有转瓶培养、微载体培养等。培养基多采用 MEM 培养基，加入 2%～4% 的血浆、200U/mL 卡那霉素。诱导剂包括浓度为 10μg/mL 的环己亚胺、1μg/mL 的放线菌素 D、PolyI：C（聚肌胞）、NDV-F（新城鸡瘟病毒）。

以人成纤维细胞微载体培养法为例，IFN-β 制备过程如下：将无菌待用的微载体（如 Cytodex 微载体）用 MEM 培养基稀释至 5g/L，以 3×10^5 个细胞 /mL 浓度接种于微载体悬液中，摇匀后静置培养 4～6h，以使细胞充分贴附于载体上。采用低速（50～80r/min）搅拌悬浮培养。人包皮成纤维细胞 FS-4 或 FS-35 培养 3～4d 后在微载体上可形成单层，每隔 3～4d 换液一次，10d 后可进入诱导阶段。

将微载体-细胞悬液静置 30min，移出旧培养基，加入新鲜培养基，并加入 200IU/mL 的 IFN-β，培养 16h 或过夜后加入 PolyI：C（或 NDV-F），终浓度为 50mg/L(或 100 血凝单位 /mL）及环己亚胺（终浓度为 10μg/mL），再培养 4h 后，加入放线菌素 D（终浓度为 1μg/mL），再悬浮培养 2h，移去培养基,PBS 洗 3 次、培养液洗 1 次后，再加入新鲜培养基至原体积（内含适量 HEPES），再悬浮培养 18～20h，4℃下 2000r/min 离心 20min 收集上清，经过滤除菌后即为 IFN-β 粗品。

16.2 杂交瘤细胞生产单克隆抗体

16.2.1 杂交瘤技术

将骨髓瘤细胞与免疫的动物脾细胞融合得到既能够分泌抗体又能在体外长期繁殖的杂交瘤细胞，经过克隆化培养得到可以分泌单克隆抗体的杂交瘤细胞，这种技术称为**杂交瘤技术**（hydridoma technique）。

杂交瘤技术是在细胞融合技术基础上发展起来的。1975 年，英国的科勒（Kohler）和米尔斯坦（Milstein）合作将已适应体外培养的小鼠骨髓瘤细胞与绵羊红细胞免疫小鼠脾细胞（B 淋巴细胞）进行融合，发现形成的杂交瘤细胞具有双亲细胞的特征：既能像骨髓瘤细胞一样在体外无限增殖，又能持续地分泌特异性抗体，通过克隆化培养获得纯细胞就可以生产单克隆抗体。

16.2.2 多克隆抗体与单克隆抗体

抗原（antigen）是进入动物体内对机体免疫系统产生刺激作用的外源物质，包括蛋白质、多糖、核酸、病毒、细菌等。

抗体（antibody）是动物免疫系统分泌的中和或消除抗原物质影响的糖蛋白。

高等动物的脾脏能产生多种淋巴细胞，其中 B 淋巴细胞是能形成抗体的细胞。一种抗原通常具有多个不同的抗原决定簇，能刺激多个 B 淋巴细胞产生相应的单克隆抗体，因此血清中的抗体是针对不同抗原决定族的单克隆抗体的混合物，称为**多克隆抗体**（polyclonal antibody，PcAb），简称多抗。采用常规免疫方法制备的免疫血清抗体是多克隆抗体，存在特异性差、效价低、数量有限、动物间个体差异大、难以重复制备等缺点。

经过免疫的哺乳动物单一的 B 淋巴细胞可以分泌单一性抗体，这种具有特异性、同质性的抗体为**单克隆抗体**（monoclonal antibody，McAb），简称单抗。与多克隆抗体相比，单克隆抗体只识别并结合特定的抗原决定簇，因此它对抗原的反应具有高度特异性。

16.2.3　单克隆抗体的生产途径

单克隆抗体很难从多克隆抗体中分离纯化得到，受抗原刺激产生抗体的 B 淋巴细胞很难在体外培养增殖。如果单一 B 淋巴细胞既能分泌所需要的特异性抗体，又能在体外不断增殖，就可进行规模化的 McAb 生产。如何改变 B 淋巴细胞的遗传特性，建立一个能永久生长并能分泌 McAb 的细胞系成为关键。这一目标可以通过下面两条途径实现。

1）细胞融合

将免疫动物 B 淋巴细胞和骨髓瘤细胞融合得到的杂交瘤细胞，既具有 B 淋巴细胞分泌特异性抗体的特性，又具有骨髓瘤细胞体外无限增殖的特性。

2）病毒转化

筛选对脾 B 淋巴细胞进行特异性免疫，接着进行诱变或通过病毒转化形成永久生长的细胞系。

16.2.4　杂交瘤生产单克隆抗体

采用杂交瘤技术制备单克隆抗体的一般流程包括动物免疫、脾细胞制备、骨髓瘤细胞培养和筛选、饲养层细胞培养、细胞融合、杂交瘤细胞筛选、杂交瘤细胞克隆化培养、单克隆抗体制备几个步骤（图 16.1）。

16.2.4.1　动物免疫与免疫脾细胞制备

抗原是制备 McAb 的第一要素，其纯度和免疫原性是决定免疫反应的关键。抗原可分为颗粒性抗原和可溶性抗原两类。

免疫的目的是产生足够多的能识别目的抗原的 B 淋巴细胞。免疫可以采用体外法或体内法。

1）体外法

直接分离动物淋巴细胞，加适当浓度抗原，3～4d 后收集淋巴细胞。

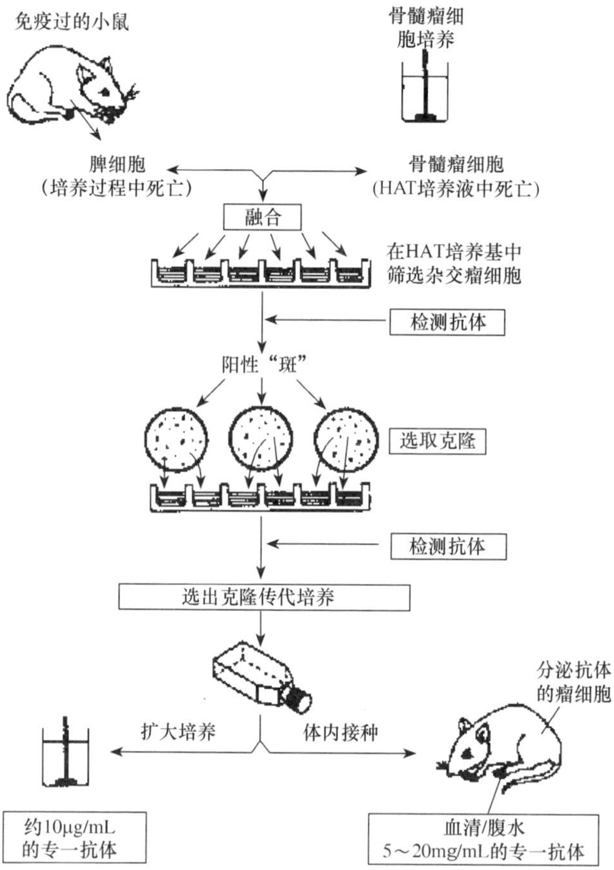

图 16.1　利用细胞杂交瘤技术的单克隆抗体生产流程（韩贻仁，2001）

2）体内法

将抗原直接注射入动物体内，3～4d 后在无菌条件下取出脾或淋巴结制成细胞悬液。

一般要经过初次免疫、第二次免疫、加强免疫 3 个过程。小鼠体内免疫过程可划分为 5 个阶段：①前期反应；②初级上升阶段；③初级回落阶段；④次级上升阶段；⑤次级回落阶段。在第二、四阶段需注意加强免疫。一般多采用腹腔注射免疫。除非特殊需要，通常静脉注射只用来加强免疫。

通常在末次免疫后第 3 或 4 天处死小鼠，75% 乙醇溶液浸泡消毒小鼠毛皮，打开腹腔无菌取脾。将脾去除脂肪和结缔组织，用无血清培养液冲洗，置 100 目不锈钢网筛上研磨脾，用洗液洗 2～3 次，经 1000r/min 离心 5min，弃上清，加入 RPMI1640 等完全培养基，用吸管吹打分散，收集上层悬液，一般一只小鼠可获 1×10^8～2.5×10^8 个脾细胞。

16.2.4.2 骨髓瘤细胞培养和筛选

骨髓瘤细胞应和免疫动物属于同一品系，这样融合效率高，也便于接种杂交瘤细胞在同一品系小鼠腹腔内大量产生 McAb。杂交瘤多用 BALB/C 小鼠的骨髓瘤细胞，通常采用 HGPRT（次黄嘌呤鸟嘌呤磷酸核糖转移酶）或 TK（胸苷激酶）缺陷型的骨髓瘤细胞，如 SP2/0 细胞、来自 BALB/C 小鼠浆母细胞瘤（plasmablastic lymphoma，PBL）。在细胞融合前两周就应开始复苏骨髓瘤细胞，以保证骨髓瘤细胞处于对数生长期。

骨髓瘤细胞的培养可采用一般的动物细胞培养液（如 RPMI1640 培养基），小牛血清的浓度一般为 10%～20%。细胞倍增时间为 16～20h。细胞的最大密度不得超过 10^6 个细胞 /mL。骨髓瘤细胞可以悬浮或半贴壁形式生长繁殖，对于半贴壁细胞无须用胰蛋白酶消化，直接用吸管吹打即可使细胞分散，每 3～5d 传代一次。一般扩大培养以 1∶10 稀释传代。

16.2.4.3 饲养层细胞培养

为促进杂交瘤细胞生长，有时需要采用饲养层培养法。可用肉汤刺激小鼠腹腔并收获腹腔中的巨噬细胞作为饲养细胞（feeder cell）。用吸管在打开的腹腔中吸取细胞悬液，并用培养液冲洗收获，离心洗一次，再用培养基（含 HAT）调整细胞密度至 2×10^5 个细胞 /mL，96 孔板培养（0.1mL/ 孔），每只鼠可获巨噬细胞 2×10^6～5×10^6 个。

16.2.4.4 细胞融合

一般采用聚乙二醇（PEG）诱导细胞融合，流程如下：将骨髓瘤细胞与脾细胞按 1∶10 或 1∶5 的比例混合在一起，在 37℃水浴中边摇边滴加预热的 50% PEG（MW1000 或 4000），加入预热的无血清 RPMI1640 培养液终止细胞融合。

16.2.4.5 杂交瘤细胞筛选

杂交瘤细胞一般采用 HAT 选择培养基进行筛选。HAT 选择培养基中有三种关键成分：次黄嘌呤（hypoxanthine，H）、氨基蝶呤（aminopterin，A）和胸腺嘧啶核苷（thymidine，T），取三者第一个字母称为 HAT 培养基。次黄嘌呤 - 胸腺嘧啶核苷（HT）溶液、氨基蝶呤（A）溶贮备液均采用 0.22μm 微孔滤膜过滤除菌，分装，−20℃冻存。于每 100mL RPMI1640 培养基胎（含 10% 小牛血清或胎牛血清）胎加 1mL HT 贮备液和 1mL A 贮备液。次黄嘌呤难溶，可加温至 50～80℃促溶。氨基蝶呤溶解时需要滴加 1mol/L NaOH 溶液并不断摇动，直至完全溶解，再滴加等量的 1mol/L HCl 溶液，恢复 pH 至 7.0 左右。

DNA 的合成有以下两条途径：

1）正常途径

糖、氨基酸→核苷酸→DNA。该途径可以被氨基蝶呤阻断。

2）补救途径

核苷酸前体→核苷酸→DNA。该途径需要次黄嘌呤鸟嘌呤磷酸核糖基转移酶（hypoxanthine-guanine phosporibosyltransferase，HGPRT）和胸苷激酶（thymidine kinase，TK）两种酶的参与。

HAT 培养基中的氨基蝶呤可阻断细胞正常途径合成 DNA。细胞融合所用的骨髓瘤细胞一般是 HGPRT 或 TK 缺陷型，也不能采用补救途径合成 DNA。两条途径被阻断后，瘤细胞（未融合的与自身融合的）因不能正常合成 DNA 而死亡。融合细胞具有亲代双方的遗传性能，具有来自淋巴细胞的 HGPRT 与 TK，可采用补救途径合成 DNA，因此可在 HAT 培养基中存活与繁殖。挑选存活的杂交瘤细胞，悬浮于 HAT 培养液中置 37℃、5%CO_2 的培养箱中培养；每 3～4d 半量更换 HAT 培养液；15d 后改用 HT 培养基；3 周后改用完全 RPMI1640 培养液；继续培养 8～12d 进行抗体检测，筛选出产生目标单克隆抗体的杂交瘤细胞。

16.2.4.6 杂交瘤细胞克隆化培养

一旦检测到分泌目标抗体的克隆，应及时将杂交瘤细胞转入培养瓶扩大培养，并尽快进行克隆化培养。从细胞群体中选育出遗传稳定的能分泌特异性抗体的杂交瘤细胞，淘汰非特异性的或遗传不稳定的杂交瘤细胞。得到单个细胞后采用 96 孔培养板置 CO_2 培养箱中培养，隔日观察细胞生长情况。通过特异性抗体检测选择抗体效价高、呈单个克隆生长、形态良好的细胞。

16.2.4.7 单克隆抗体制备

大量生产单克隆抗体的方法主要有杂交瘤细胞体内接种法和体外培养法两种。

1）体内接种法

动物体内接种杂交瘤细胞，收集血清或腹水提取单克隆抗体。

（1）血清法：对数生长期的杂交瘤细胞按 1×10^7～3×10^7 个细胞 /mL 接种于小鼠背部皮下，每处注射 0.2mL。待肿瘤达到一定大小（一般 10～20d）后采血，从血清中获得的单克隆抗体含量可达到 1～10mg/mL。缺点是采血量有限。

（2）腹水法：先向小鼠腹腔内注射 0.5mL 的姥鲛烷（pristane）或液体石蜡，1～2 周后腹腔注射 1×10^6 个杂交瘤细胞，接种细胞 7～10d 后可产生腹水，处死小鼠，用滴管将腹水吸入试管中，一般一只小鼠可获得 1～10mL 腹水。也可用注射器抽取腹水，可反复收集数次。腹水中单克隆抗体含量可达 5～20mg/mL，这是比较常用的传统方法。

2）体外培养法

分为传统培养法和生物反应器培养法。前者使用转瓶（管）大量培养杂交瘤细胞，从上清中获取单克隆抗体。但此方法产量低，一般培养液单克隆抗体含量为 10～60μg/mL。目前多采用生物反应器进行杂交瘤细胞的大规模培养，收获后分离制备单克隆抗体。

16.2.4.8 单克隆抗体鉴定

（1）特异性鉴定：除用免疫原（抗原）进行抗体的检测外，还可应用与其抗原成分相关的其他抗原进行交叉试验，方法包括酶联免疫吸附测定（ELISA）、间接免疫荧光抗体试验（IFA）等。

（2）单克隆抗体的 Ig 类与亚类鉴定：在用酶标记或荧光素标记的第二抗体进行筛选时，已经基本上确定了抗体的 Ig 类型。如果用的是酶标记或荧光素标记的兔抗鼠 IgG 或 IgM，则检测出来的抗体一般是 IgG 类或 IgM 类。至于亚类则需要用标准抗亚类血清系统做双扩 ELISA 或夹心 ELISA 分析才能确定。

（3）单克隆抗体中和活性鉴定：可用动物或细胞保护实验来确定单克隆抗体的生物学活性。例如，如果确定抗病毒单克隆抗体的中和活性，则可用抗体和病毒同时接种易感动物或敏感细胞，来观察动物或细胞是否得到抗体的保护。

（4）单克隆抗体识别抗原表位鉴定：可用竞争结合试验、测相加指数的方法测定单克隆抗体所识别的抗原位点，确定单克隆抗体识别的抗原表位是否相同。

（5）单克隆抗体亲和力鉴定：可用 ELISA 或放射免疫测定（RIA）来确定单克隆抗体与相应抗原的亲和力。

16.2.5 人源化单克隆抗体

鼠源性单克隆抗体在生命科学研究和医学临床上应用很广，但是鼠源性单抗仍带有鼠抗原决定簇而使其应用存在一定的局限性。例如，①不能有效地激活人体中补体和 Fc 受体相关的效应系统；②被人体免疫系统所识别，产生人抗鼠抗体（human anti-mouse antibody，HAMA）；③在人体循环系统中很快被清除掉。因此，必须通过人源化改造获得低免疫原性、高效性、人源化单克隆抗体，解决鼠杂交瘤单抗用于人体的变态反应问题。

与鼠源性单克隆抗体研究相比，人源化单克隆抗体的研究进展比较缓慢，原因在于人单克隆抗体制备系统中缺乏像小鼠骨髓瘤那样融合率高、性状稳定的融合亲本细胞系，不能用任意抗原免疫人体获得足够数量的抗原特异性B淋巴细胞。1977年，斯坦利斯（Steinitz）报道利用EB病毒（Epstein-Barr virus，一种常见的疱疹病毒）在体外直接感染人外周血淋巴细胞，建立了能分泌半抗原抗体的人B淋巴细胞系。后来利用这种技术成功获得了抗病毒、细菌、血型抗原、自身抗原及肿瘤相关抗原的人单克隆抗体分泌细胞。

16.2.5.1 人-鼠杂交瘤单克隆抗体

人-鼠杂交瘤的融合方法基本与鼠-鼠杂交瘤相同。亲本骨髓瘤细胞是小鼠骨髓瘤细胞，亲本B淋巴细胞则来源于人外周血淋巴细胞、淋巴结细胞、脾细胞。但是，人-鼠杂交瘤的人单克隆抗体分泌性能很不稳定，多数情况下杂交瘤会很快失去抗体分泌能力，其原因可能与人染色体丢失有关。

16.2.5.2 人-人杂交瘤单克隆抗体

通过建立人骨髓瘤（或其他人细胞系）与人淋巴细胞融合可制备人单克隆抗体。人源化融合亲本细胞需具有较高的融合率，产生的杂交瘤细胞稳定并能产生一定量的具有特异性的抗体等特征。然而，遗憾的是可供利用的人类骨髓瘤细胞种类非常有限。

16.2.5.3 重度联合免疫缺陷病小鼠制备人单克隆抗体

重度联合免疫缺陷病（severe combined immunodeficiency disease，SCID）小鼠由于CB-17纯系小鼠16号染色体突变，破坏了免疫球蛋白基因和T细胞受体基因，从而使动物T、B淋巴细胞功能障碍导致联合免疫缺陷。免疫缺陷使动物可接受人体组织或器官移植，形成人-鼠嵌合体小鼠（Hu-SCID mouse）。将人免疫干细胞移植到SCID小鼠体内，这种小鼠可用任何抗原进行免疫，从激活的淋巴细胞中富集抗原特异性人源化B淋巴细胞，再通过细胞融合可得到杂交瘤细胞以制备抗体。

16.2.5.4 基因工程单克隆抗体

基因工程抗体（gene engineering antibody，GEAb）是通过分子技术获得抗体基因或抗体基因片段，与适当载体重组后引入不同表达系统所产生的抗体。基因工程技术可以获得完全人源化抗体。目前的基因工程抗体技术有人-鼠嵌合抗体、改型抗体（reshaping antibody）、组合抗体库（combinatorial antibody library）、噬菌体展示抗体库（phage display antibody library）等。

复 习 题

1．与一般的细胞融合相比，杂交瘤技术有什么特殊？

2．以一例说明采用杂交瘤技术制备单克隆抗体的方法。

扩展学习资料

车小燕，丘立文，潘玉先，等．2003．SARS冠状病毒N蛋白单克隆抗体的快速、高效制备的方法研究．第一军医大学学报，23（7）：640-642

史久华．2002．全人单克隆抗体与人源化单克隆抗体．国际生物制品学杂志，25（1）：28-32

谭庆辉，丁朝阳，王喜红，等．2019．H5N1和H7N9亚型双价灭活流感疫苗对鹌鹑及鸽子的免疫原性．中国动物检疫，36（2）：53-57，62

唐泽群，罗海燕，葛铭，等．2019．抗chTLR3单克隆抗体制备及其初步应用．畜牧兽医学报，50（6）：1292-1300

王树君，代长海，张莹，等．2004．用微载体系统培养Vero细胞生产高滴度狂犬病毒液．中国生物制品学杂志，17（6）：380-382

周赛赛，贡嘎，钱雯娴，等．2019．禽流感病毒疫苗研究进展．甘肃畜牧兽医，49（10）：17-22

第17章 动物基因工程制药

17.1 动物基因工程制药简介

动物基因工程制药是指通过基因工程技术，利用动物细胞或动物器官表达制备药用蛋白。转基因微生物在生产分子质量较小、结构较为简单的异源蛋白质方面具有优越性。微生物表达复杂真核蛋白时存在折叠方式不正确、缺乏翻译后加工修饰等缺点。大多数哺乳动物蛋白翻译后的糖基化、磷酸化和乙酰化等修饰是保持生物学活性、稳定性及抗原性的前提。动物细胞蛋白质表达系统可以较好地解决这些微生物表达系统的问题，从而进行有效的蛋白质的折叠和加工。目前已经采用CHO细胞或Vero细胞等表达外源基因，大规模生产了一系列人类药用蛋白，成为现代生物制药的重要途径。同时，利用动物乳腺生物反应器等生产蛋白质类药物也已经取得了很大进展。

17.2 动物细胞表达制备药用蛋白

第一个由哺乳动物细胞表达系统生产的药用蛋白是溶血栓药物组织型纤溶酶原激活物（tissue-type plasminogen activator，tPA）。另一个由哺乳动物细胞表达系统生产的药用蛋白是凝血因子Ⅷ。

17.2.1 动物细胞转基因方法

哺乳动物细胞转染（接受外源基因）方法主要包括物理、化学和生物学方法三种，分为暂时转染和永久转染。

（1）暂时转染：质粒在宿主细胞中不停留很长时间，DNA被转录为mRNA，随后翻译成蛋白质，并不进入细胞基因组。磷酸钙沉淀法、二乙氨乙基（DEAE）-葡聚糖法、脂质体包埋法均为暂时转染。

（2）永久性转染：反转录病毒载体法可以产生永久有效的转染。

17.2.1.1 物理方法

物理方法常采用电穿孔法，简单、效率较高。利用脉冲电场提高细胞膜的通透性，在细胞膜上形成纳米级的微孔，达到增加通透性的效果，从而使外源 DNA 转移至细胞中。大致方法是：将受体细胞悬浮于含有待转化 DNA 的溶液中，在电击池两端施加短暂的脉冲电场，使外源 DNA 片段能不经过胞饮作用就可直接进入细胞（图 17.1）。

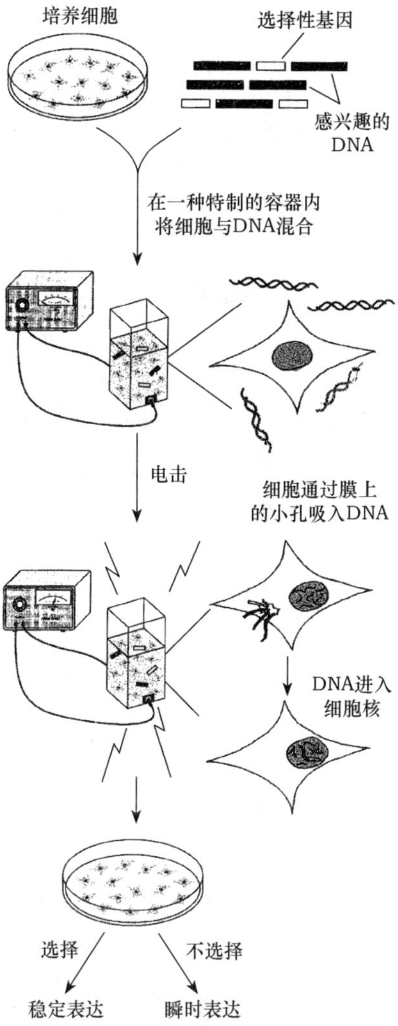

图 17.1　电穿孔法实现外源基因的转移（马建刚，2001）

17.2.1.2　化学方法

化学方法主要包括 DEAE-葡聚糖法、磷酸钙沉淀法、脂质体载体包埋法等，主要原理是通过改变细胞膜的通透性或者增加 DNA 与细胞的吸附而实现基因转移。

1）DEAE-葡聚糖法

这是最早的动物细胞转染方法，转化率低。将外源 DNA 片段与 DEAE-葡聚糖等高分子碳水化合物混合，这样 DNA 链上带负电的磷酸骨架便被吸附于 DEAE 带正电荷的基团上，从而形成 DNA 大颗粒。后者黏附于受体细胞表面，并通过胞饮作用进入细胞内。

2）磷酸钙沉淀法

这种方法是受二价金属离子能促进细菌吸收外源 DNA 的启发而建立起来的。当核酸以磷酸钙-DNA 共沉淀物的形式存在时，细胞摄取 DNA 的能力显著增强。大致步骤是：将待转化的 DNA 溶解在含磷酸根离子的缓冲液中，在特定 pH（一般为 7.1）下加入氯化钙溶液，混合均匀。此时磷酸钙与 DNA 共沉淀形成大颗粒。加入受体细胞培养一段时间后，DNA 就通过细胞膜脂相收缩时裂开的空隙进入细胞，或者在钙、磷的诱导作用下被细胞吞噬而进入细胞。该方法的转染效率虽比 DEAE-葡聚糖法高，但还是比较低。

3）脂质体包埋法

将需转移的外源 DNA 或 RNA 包埋于脂质体内。由于脂质体具有磷脂双层结构，与细胞膜类似，因此可以与受体细胞膜融合，从而将外源 DNA 转入宿主细胞

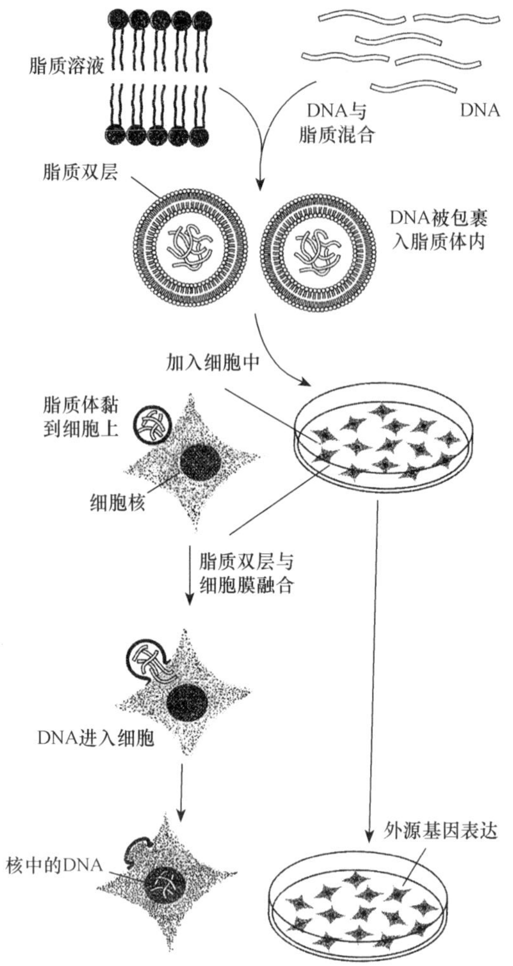

图 17.2 脂质体包埋法基因转移（马建刚，2001）

（图 17.2）。这种方法转基因效率高。大致步骤：将待转移的 DNA 溶液与天然或人工合成的磷脂混合，后者在表面活性剂存在下形成包埋水相 DNA 的脂质体结构。这种脂质体悬浮液加入细胞培养液中便会与受体细胞膜发生融合，DNA 片段随机进入细胞质和细胞核内。

17.2.1.3 生物学方法

生物学方法主要是指病毒介导的基因转移。目前常用的病毒载体包括 DNA 病毒载体（腺病毒载体、牛痘病毒载体等）、反转录病毒载体等。本方法具有宿主范围广、对受体细胞分裂周期要求不严、外源基因在载体上容易高效表达等优点。

反转录病毒是一种整合型的单链 RNA 病毒。病毒进入细胞后，RNA 首先编码出反转录酶，在该酶作用下，病毒 RNA 反转录为双链 DNA 分子，DNA 整合到宿主细胞 DNA 中（图 17.3）。反转录病毒载体可以获得稳定、有效的转染。这种载体通常含有一个选择性标记。由于病毒的大部分结构基因已经被去除，因此缺少野生型病毒所具有的复制功能，但却能感染靶细胞，反转录出 DNA 并插入靶细胞基因组中。因此，细胞能表达通过病毒介导的外源基因，但不产生病毒。病毒载体也具有一些缺陷，如所有病毒载体都会诱导产生一定程度的免疫反应，或多或少存在一定的安全隐患。

17.2.2 载体系统

17.2.2.1 SV40 载体

猿猴空泡病毒 40（SV40 病毒）基因组是 5243bp 的共价闭环双链 DNA 分子，包括早期区和晚期区，两者分别在两种 DNA 链上并向互为相反的方向进行转录。

早期区在裂解周期中自始至终都被转录，并通过不同的剪接方式产生分别编码大 T 抗原和小 T 抗原的两种 mRNA；晚期区仅在 DNA 复制全面开始后才进行转录，其 mRNA 经过剪接可编码病毒的衣壳蛋白。通过基因操作从 SV40 病毒基因组中删除晚期基因序列，插入细菌质粒（如 pBR322）进行改建，得到的嵌合分子可以在大肠杆菌中扩增，转入合适的细胞中可表达早期病毒基因。病毒基因和细菌 DNA 可进行复制，在多种哺乳动物细胞中获得从低水平到中等水平的表达，一般为短时表达系统。SV40 载体既可表达基因组 DNA，也可表达 cDNA，对外源 DNA 的大小没有限制。

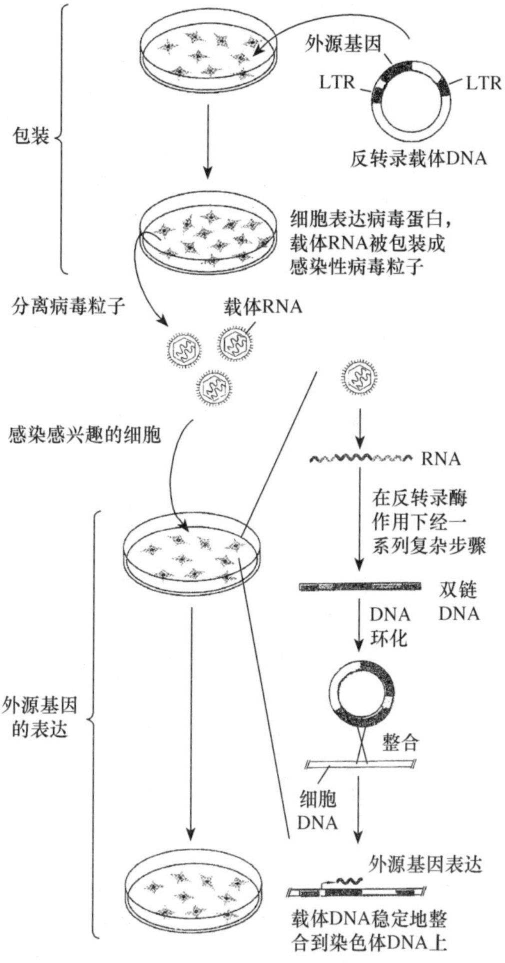

图 17.3　反转录病毒介导的基因转移
（马建刚，2001）

17.2.2.2　牛乳头瘤病毒载体

牛乳头瘤病毒（bovine papillomavirus，BPV）是一种小双链 DNA 病毒，基因组大小为 7945bp。可读框仅位于一条 DNA 链，因此其转录为单向性。BPV 基因组中有大约 1kb 的非可读框区对 DNA 酶敏感，含有转化所必需的启动子和增强子等转录调控序列。应用 BPV 载体已建立了许多外源蛋白稳定表达细胞系，包括人生长激素、人干扰素和人组织纤溶酶原活化物等。BPV 表达载体对插入的外源 DNA 的大小没有限制，既可表达基因组 DNA，也可表达 cDNA 序列；可带有显性选择标记基因，常用的选择标记为 I 型单纯疱疹病毒（HSV）胸苷激酶（TK）基因。

17.2.3　转染细胞的筛选

高等哺乳动物细胞的基因转移效率较低，必须选用来源丰富、在体外能无限生长的细胞作为受体细胞。即使在最佳转化条件下，得到的稳定转化株也很少，因此必须建立特异性选择标记有效地筛选转染细胞。常用的选择标记如下。

（1）胸苷激酶（thymidine kinase，TK）：当转入 TK^- 细胞时，其基因产物可使宿主细胞获得对 HAT 培养液的抗性。

（2）腺苷磷酸核糖基转移酶（adenine phosphoribosyl transferase，APRT）：APRT 由 *aprt* 基因编码，当转入 $APRT^-$ 细胞时，细胞可获得对重氮丝氨酸（azaserine）、腺嘌呤和丙氨菌素（alanosine）的抗性。

（3）氨基糖苷磷酸转移酶（aminoglycoside phosphotransferase，APH）：APH 由 *aph* 基因编码，几乎可转入任何宿主细胞，这一显性选择标记可赋予细胞对氨基糖苷类抗生素的抗性。

（4）潮霉素 B 磷酸转移酶（hygromycin B phosphotransferase，HPH）：HPH 由 *hph* 基因编码，几乎可转入任何类型的细胞，阳性细胞可获得潮霉素 B 抗性。

（5）二氢叶酸还原酶（dihydrofolate reductase，DHFR）：DHFR 由 *dhfr* 基因编码。缺失 DHFR 的 CHO 细胞不能合成四氢叶酸，只能在添加胸苷、甘氨酸和嘌呤的培养液上生长。转染 *dhfr* 基因的缺陷型 CHO 细胞可在不含胸苷、甘氨酸和嘌呤的培养液上生长，从而快速挑选出转入外源基因的细胞。

17.2.4 外源基因的表达

17.2.4.1 短时表达

外源基因的表达一般发生在目的基因导入宿主细胞后的 12～72h，质粒载体并不整合入宿主细胞的基因组中。短时表达的目的在于短期内获得大量的爆发式的基因表达，因而当大量 DNA 样本在短期内需要检测时，短时表达是较好的选择。其主要缺点在于不能整合入宿主细胞基因组以稳定表达外源基因，必须通过反复转染宿主细胞来获得需要的目的蛋白。

17.2.4.2 稳定表达

稳定表达时外源 DNA 需整合入宿主细胞染色体。转染后的最初数小时内，进入细胞的 DNA 经历一系列非同源分子重组和连接形成大的串联状结构，最终整合进宿主细胞的基因组中。可在重组 DNA 分子上加上选择标记分离筛选出携带外源基因的细胞。

17.2.4.3 目标蛋白高效表达的策略

外源基因在宿主内的大量扩增是目标蛋白高效表达的保证。氨甲蝶呤（Mtx）是动物细胞关键代谢酶二氢叶酸还原酶（DHFR）的抑制剂，细胞经过氨甲蝶呤处理后大多数死亡，存活下来的细胞中 *dhfr* 基因得以扩增。通过提高二氢叶酸还原酶的表达水平，可抵消氨甲蝶呤的抑制作用，这样会带动与该基因相邻的染色体片段大量扩增。这一规律被用于外源基因在哺乳动物细胞中高效表达系统的设计，也就是可将外源基因与 *dhfr* 基因拼接构建重组分子，转化内源 DHFR 缺陷型的细胞系，将其接种到含有 0.05μmol/L 氨甲蝶呤的培养基上进行筛选，只有含 *dhfr* 基因的细胞才能增殖（图 17.4）。增加氨甲蝶呤浓度继续培养时，存活细胞中的外源基因已经随 *dhfr* 基因扩增了数百倍。

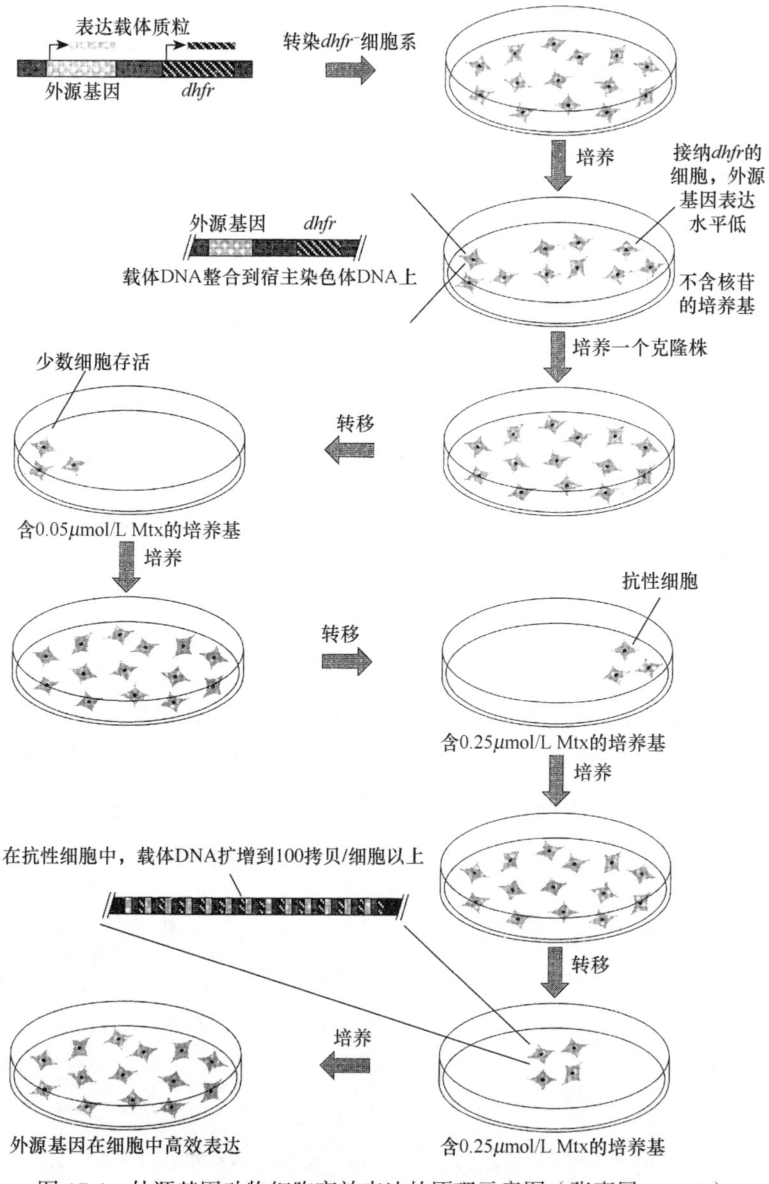

图 17.4　外源基因动物细胞高效表达的原理示意图（张惠展，1999）

17.3 转基因动物生物反应器

转基因动物生物反应器可以是转入外源基因的动物的器官或组织，达到高效表达外源基因产物的目的。用于表达外源基因的场所包括动物乳腺、血液、泌尿系统、精囊腺等，还包括昆虫（如家蚕）等。

17.3.1 乳腺生物反应器

17.3.1.1 定义

乳腺生物反应器（mammary gland bioreactor）是将外源基因置于乳腺特异性调节序列之后，使之在动物乳腺中表达，然后通过回收乳汁获得生物活性蛋白质。

17.3.1.2 构建技术

构建转基因动物乳腺生物反应器的流程如下。

（1）构建相应的乳腺表达载体。分离人类药用蛋白的编码基因，将乳蛋白基因的启动子（通常包括 5′ 端和 3′ 端序列）与外源基因偶联，与乳腺特异性表达调节元件相连接，构建乳腺细胞表达载体。

（2）通过显微注射技术将乳腺细胞表达载体注射到哺乳动物受精卵或 ES 细胞，得到转基因动物。

（3）选择泌乳期乳汁中表达有药物蛋白的个体。

乳腺生物反应器的关键是选择乳腺组织特异性表达的调节元件。因为乳腺组织特异性表达调节元件可指导与其融合的外源基因在乳腺中专一性表达。用于转基因动物乳腺生物反应器的调控元件主要有 β-乳球蛋白（BLG）基因调控序列、酪蛋白基因调控序列、乳清酸蛋白（WAP）基因调控序列、乳清白蛋白基因调控序列。

17.3.1.3 优点

乳腺是一个外分泌器官，乳汁不进入体内循环，不会影响到转基因动物本身的生理代谢反应。因此，转基因动物乳腺生物反应器生产药用蛋白具有巨大的优势，已成为 21 世纪生物制药发展的重点方向之一。其优点主要体现在以下几方面。

（1）动物乳腺组织可对表达的蛋白质进行翻译后修饰，生产出的药用蛋白与天然蛋白质的活性相似。

（2）动物乳腺能大量、持续、稳定地表达蛋白质，产量高。同时由于转基因动物具有遗传性，可通过家畜繁殖技术大量增加后代数量，扩大再生产规模。

（3）与转基因的微生物、动物细胞培养生产药用蛋白相比，乳腺生物反应器生产药用蛋白成本低，安全性高。

（4）药物分离纯化工艺简单。乳汁中蛋白质种类少（一般有 10 种左右），提纯工艺简单，回收率高。

17.3.1.4 存在的问题

尽管具有多种优势，但是利用转基因动物乳腺生物反应器生产药物的难度还是比较大，成功率也较低，存在的主要问题如下。

（1）外源转基因在受体动物基因组存在随机整合，致使遗传不稳定、表达率不高。

（2）存在转基因异位表达和表达产物泄漏问题，需要优化乳腺组织特异性高效表达载体，保证外源基因在乳腺中专一性表达。

（3）动物转基因技术还不成熟。以囊胚显微注射为例，平均成功率比较低。

17.3.2 家蚕生物反应器

家蚕容易饲养，且已丧失飞翔逃逸能力，是一种非常安全的转基因动物；其遗传背景清晰，具有高等真核生物的蛋白质翻译后修饰加工能力以及对人畜安全等优点；更重要的是家蚕幼虫丝腺具有强大的蛋白质合成与分泌能力。因此，家蚕是构建外源基因表达的转基因动物生物反应器的优选生物。

17.3.2.1 家蚕-BmNPV 表达系统

构建家蚕生物反应器常用家蚕核型多角体病毒（bombyx morinuclear polyhedrosis virus，BmNPV）作为表达载体，利用家蚕幼虫或蛹作为载体进行外源基因表达，蛋白质翻译后加工修饰完善，生产成本较低。1984 年，家蚕-BmNPV 表达系统（家蚕生物反应器）构建成功，为生产人类急需的蛋白质药物、基因工程疫苗等提供了新途径。

BmNPV 基因组是超螺旋的闭环双链 DNA，主要编码 100 多个结构蛋白与非结构蛋白。多角体蛋白基因不是病毒复制的必需基因，在感染晚期进行高效表达。即使多角体蛋白基因部分或全部被外源基因替换，仍能形成具有感染性的病毒粒子。因此，利用转基因技术构建重组的 BmNPV，就能使外源基因在家蚕细胞内大量合成外源基因表达的产物。目前已经成功利用家蚕生物反应器表达制备了疫苗、乙型肝炎表面抗原、人促红细胞生成素（EPO）、生长激素、干扰素、神经生长因子等。

17.3.2.2 家蚕丝腺生物反应器

家蚕丝腺生物反应器（bombyx silk gland bioreactor）是利用家蚕丝腺表达重组蛋白的转基因动物表达系统。

利用家蚕丝腺生物反应器生产高附加值外源蛋白，表达效率高，多具有生物活性，纯化方便，生产成本低。自从 2000 年建立了基于 piggyBac 转座子的转基因家蚕技术以来，研究人员利用该技术已成功在家蚕丝腺中表达出了人Ⅲ型胶原蛋白、人血白蛋白、重组球蛋白、猫干扰素等多种外源蛋白，显示出家蚕丝腺生物反应器的应用潜力。

复 习 题

1．查阅文献，以一个例子说明动物基因工程在生物制药中的应用。
2．分析转基因动物生物反应器制药的优势与问题。

扩展学习资料

官桂范，李志强，王妍，等．1999．30L 生物反应器连续灌注培养重组 CHO-C_{28} 细胞表达 HBA 的研究．微生物学免疫学进展，27（4）：45-50

梁振鑫，刘芳，张玮，等．2019．抗 p185^{erbB2} 人鼠嵌合抗体 ChAb26 转基因小鼠乳腺生物反应器的制备与验证．中国生物工程杂志，39（8）：40-51

林福玉，陈昭烈，黄培堂．2002．哺乳动物细胞培养生产药用蛋白的关键环节．生物技术通讯，13（1）：62-65

刘伯宁，王英，周兴军，等．2014．固化床反应器大规模灌注培养 CHO-C28 细胞生产乙型肝炎病毒表面抗原．中国生物制品学杂志，27（7）：954-958

杨帆，吴文彦，杨红．2002．转基因动物乳腺生物反应器与基因工程药物．细胞生物学杂志，24（1）：14-19

张斯敏，高越，方彧聃，等．2014．乳腺生物反应器特异高效表达载体的构建．中国生物工程杂志，34（7）：49-55

Butler M. 2005. Animal cell cultures: recent achievements and perspectives in the production of biopharmaceuticals. Applied Microbiology and Biotechnology, 68: 283-291

Collen D, Stassen JM, Marafino BJ Jr, et al. 1984. Biological properties of human tissue-type plasminogen activator obtained by expression of recombinant DNA in mammalian cells. J Pharmacol Exp Ther, 231: 146-152

Kistner O, Barrett PN, Mundt W, et al. 1998. Development of a mammalian cell (Vero) derived candidate influenza virus vaccine. Vaccine, 16: 960-968

Teule F, Miao Y, Sohn B, et al. 2012. Silkworms transformed with chimeric silkworm/spider silk genes spin composite silk fibers with improved mechanical properties. Proceedings of the National Academy of Sciences of the United States of America, 109: 923-928

Wurm FM. 2004. Production of recombinant protein therapeutics in cultivated mammalian cells. Nat Biotechnol, 22: 1393-1398

第18章 干细胞工程

18.1 干 细 胞

干细胞（stem cell，SC）是一类具有自我更新和分化潜能的细胞。

自我更新是指干细胞具有分裂和自我复制的能力，可通过对称分裂和不对称分裂两种形式进行。

（1）**对称分裂**（symmetric division）：一个干细胞分裂产生的两个子细胞都是干细胞。

（2）**不对称分裂**（asymmetric division）：一个干细胞分裂成一个干细胞和一个短暂增殖细胞［称之为祖细胞（progenitor cell）］。祖细胞存在于胎儿或成年组织中，可以分化为功能细胞。

分化潜能是指干细胞分化成多种类型功能细胞的能力。根据分化能力强弱，干细胞可分为单能干细胞、多能干细胞与全能干细胞。

（1）**单能干细胞**（monopotent stem cell）：只能分化为单一类型细胞的干细胞。例如，表皮的基质细胞（即表皮干细胞）只能分化产生角化表皮细胞。

（2）**多能干细胞**（multipotent stem cell）：能够形成两种或两种以上类型细胞的干细胞。例如，骨髓造血干细胞可以分化成红细胞、巨噬细胞、粒细胞（中性粒细胞、嗜碱性粒细胞、嗜酸性粒细胞）、巨核细胞（发育成血小板）、淋巴细胞（至少6种淋巴细胞）等多种类型细胞。

（3）**全能干细胞**（almighty stem cell）：具有无限分化潜能的干细胞。例如，胚胎干细胞。

干细胞工程已成为21世纪生命科学领域的一个热点。利用干细胞的分化潜能，通过体外培养干细胞、诱导干细胞定向分化成为需要的功能细胞，进而形成需要的组织和器官，从而达到修复和再生组织或器官的目的，或者利用转基因技术处理干细胞以改变其特性，以达到利用干细胞为人类服务的目的。

干细胞工程是目前细胞工程研究最活跃的领域之一。随着基础研究、应用研究的进一步深化，这项技术将会在相当大程度上引发医学领域的重大变革。

18.2　胚胎干细胞

胚胎干细胞（embryonic stem cell，ESC）是从着床前胚胎内细胞团或原始生殖细胞经体外分化抑制培养获得的干细胞，属于全能干细胞。

18.2.1　胚胎干细胞的分离

18.2.1.1　分离自胚胎内细胞团

内细胞团（inner cell mass，ICM）又称胚细胞（embryoblast），是哺乳动物早期胚胎中的细胞团。1981 年，埃文斯（Evans）和考夫曼（Kaufman）从小鼠囊胚内细胞团分离到小鼠胚胎干细胞。1998 年，汤姆森（Thomson）成功分离人胚胎干细胞。

18.2.1.2　分离自原始生殖细胞

原始生殖细胞（primordial germ cell，PGC）是生殖细胞前体，具有二倍体染色体，经减数分裂形成生殖细胞。从原始生殖细胞分离的干细胞称为胚胎生殖细胞（embryonic germ cell，EGC），简称 EG 细胞。

哺乳动物的原始生殖细胞最早出现在靠近尿囊基部的卵黄囊内胚层内，随着后期胚胎纵向折转，原始生殖细胞向生殖嵴移动。因此，从原始生殖细胞位于的相应组织中就可以获得原始生殖细胞。

18.2.2　胚胎干细胞的鉴定

18.2.2.1　碱性磷酸酶活性

未分化的胚胎干细胞中含有丰富的碱性磷酸酶（alkaline phosphatase，AKP），活性很高；而已分化细胞中碱性磷酸酶呈现弱阳性或阴性。

18.2.2.2　端粒酶活性

端粒酶（telomerase）是增加染色体末端端粒序列、维持端粒长度的一种核糖蛋白。端粒酶有助于维持端粒长度，胚胎干细胞有着高水平的端粒酶活性，并具有长的端粒。

18.2.2.3　干细胞标记物

标记物是位于细胞表面可以有选择性地结合和黏附信号分子的受体蛋白。根据不同的干细胞特征标记物可以鉴定干细胞，再结合荧光标记、流式细胞仪可以实现干细胞的分离。例如，胚胎干细胞能表达早期胚胎细胞阶段特异性胚胎抗原（stage-specific embryonic antigen，SSEA）。灵长类胚胎干细胞表达 SSEA-3、SSEA-4 及高分子糖蛋白 TRA-1-60、TRA-1-81 等，原始生殖细胞源的人类胚胎干细胞表达 SSEA-1、SSEA-3 等。

18.2.3 胚胎干细胞的体外培养

胚胎干细胞在体外培养过程中极易分化和失去正常二倍体核型，因此，在促进胚胎干细胞增殖的同时，要维持其未分化的二倍体状态。

18.2.3.1 培养基与消化液

胚胎干细胞培养对培养基要求较高，需要使用含谷氨酰胺和高糖的 DMEM 培养基。葡萄糖浓度一般在 4500mg/L 以上，高糖型培养基可以满足胚胎干细胞旺盛分裂的需要；谷氨酰胺是细胞合成蛋白质与核酸必需的；血清浓度比一般动物细胞培养基高，一般添加 15% 的胎牛血清；还需要添加抑制细胞分化的 β-巯基乙醇等，β-巯基乙醇还可促进细胞分裂、还原血清中含硫化合物、防止过氧化物对细胞损害。由于胚胎干细胞间结合比一般细胞紧密，因此使用的消化液中胰蛋白酶和 EDTA 的浓度比一般动物细胞培养需要的浓度高。

18.2.3.2 饲养层细胞

饲养层细胞（feeder cell）具有促进细胞增殖和抑制其分化的功能。饲养层细胞能合成和分泌成纤维细胞生长因子等能促进细胞分裂的因子，并且能分泌白血病抑制因子等细胞分化抑制因子。一般采用丝裂霉素 C 或 γ 射线处理饲养层细胞阻断其有丝分裂，保持细胞活力但不增殖。处理后接种到预先用明胶包被的培养板孔内，形成饲养单层细胞。饲养层细胞常用的有小鼠胎儿成纤维细胞（STO）、鼠胚原代成纤维细胞（PMEF）、子宫上皮细胞（UE）、大鼠肝细胞（BRL）等，其中 STO 和 PMEF 较常使用。

18.2.3.3 条件培养基与细胞因子

在基础培养基中按一定比例添加抑制因子、生长因子等成分配制成的培养基称为条件培养基。

1）白血病抑制因子

白血病抑制因子（leukemia inhibitory factor，LIF）是一种天然细胞因子，因其可以抑制白血病细胞系 M1 的生长和分化而得名。白血病抑制因子可以直接添加到基础培养基中配制成条件培养基。

2）碱性成纤维细胞生长因子

碱性成纤维细胞生长因子（basic fibroblast growth factor，bFGF）是一种与肝素结合的多肽类丝裂原（mitogen），是重要的细胞增殖与分化调节剂。无血清培养基中添加人的碱性成纤维生长因子利于保持胚胎干细胞的未分化状态。

18.2.3.4 技术流程

从胚胎内细胞团分离培养胚胎干细胞如图 18.1 所示，大致流程如下。

1）内细胞团获得

手术法获得动物着床前胚胎（也可以采用体外受精培养的早期胚胎），用毛细吸管等工具在显微镜下剥离胚胎，获得内细胞团，采用胰蛋白酶-EDTA 消化，毛细吸管轻轻吹打分散细胞团。

2）原代培养

将获得的胚胎内细胞接种在饲养层细胞上培养，细胞紧密聚集，形似鸟巢，细胞界限不清晰，周围有时会有分化的扁平状上皮细胞。

3）传代培养

因为细胞团会相互诱导刺激细胞分化，传代时采用胰蛋白酶消化，将细胞团消化成单个细胞。选择未分化克隆接种于新的饲养层上或条件培养基中进行分化抑制培养。胚胎干细胞系一旦建立便迅速增殖，一般 18～24h 分裂一次。每 2d 需要更换一次培养液，每 3～4d 需要传代一次。为了增强胚胎干细胞的贴附力，除了使用明胶包被的培养皿外，还可以考虑在培养基中添加纤维连接蛋白（FN）和多聚赖氨酸等能促进细胞贴附的物质。

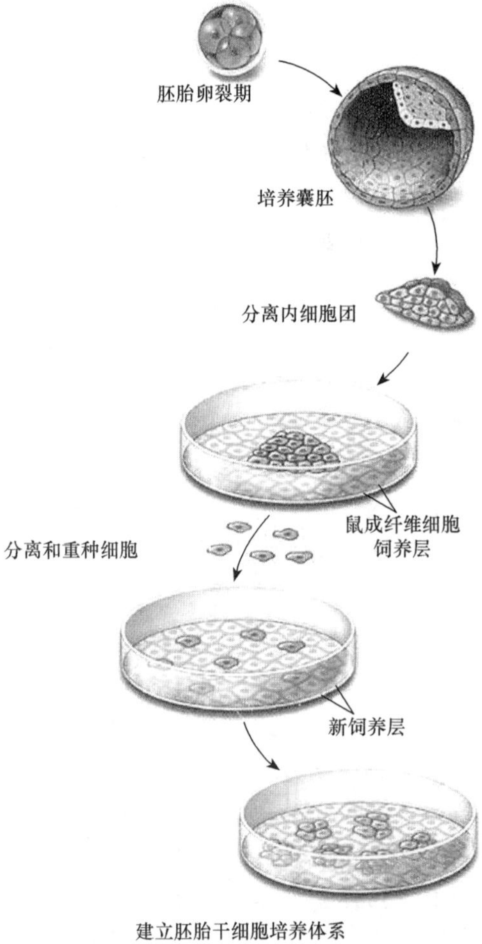

图 18.1 从胚胎内细胞团分离培养胚胎干细胞示意图（Kirschstein，2003）

4）干细胞分化潜能评价

（1）体外分化实验：将获得的胚胎干细胞制成悬浮液，培养在铺有明胶的培养皿中，一段时间后部分细胞贴壁生长，分化成神经、肌肉、软骨等不同组织细胞；同时一部分不贴壁的细胞悬浮生长，先生成“简单类胚体”，进一步生成囊状胚体。

（2）体内分化实验：将一定量的胚胎干细胞注射进同源动物皮下，一段时间后，注射处皮下有组织瘤生成。手术取瘤，常规制片后观察。

（3）嵌合体形成：将胚胎干细胞通过注射法等与受体胚胎结合，并将胚胎移植进代孕母受体，各自表达自己的基因型，得到嵌合体动物。嵌合体动物可以通过毛色、皮肤颜色等外观指标进行判定，或者取器官组织进行同工酶检测。

（4）核移植：以胚胎干细胞作为核供体移植到去核卵母细胞中，观察重组胚是否能正常发育、产生个体。

18.2.4 胚胎干细胞的体外诱导分化与筛选

在特定诱导条件下，胚胎干细胞可以在体外分化成其他类型的细胞。利用基因工程技术将带有选择性标记的基因转入胚胎干细胞，在体外培养胚胎干细胞，利用选择性标记基因（如抗生素基因、绿色荧光蛋白基因等）可筛选出某一分化细胞，达到定向得到某一类型分化细胞的目的。诱导分化方法有细胞因子诱导、特异性转录因子异位表达等。

18.2.4.1 细胞因子诱导法

在体外诱导胚胎干细胞分化方面，细胞因子诱导法研究比较多，通过添加某些细胞因子可促进胚胎干细胞的分化。一般先得到类胚体（embryoid body，EB），再在EB的基础上进一步诱导使其分化。由于诱导物种类繁多，加上各种影响因素，胚胎干细胞体外诱导比较复杂。在各阶段添加的细胞因子也不同，具体表现为细胞因子种类、浓度或组合的不同。已有研究显示视黄酸（retinoic acid，RA）、二甲亚砜（DMSO）可以诱导胚胎干细胞的分化。

18.2.4.2 特异性转录因子异位表达法

将某一类型细胞的特异性表达基因转入胚胎干细胞，并使其表达产生特异性转录因子，从而诱导胚胎干细胞分化为某一类型细胞。

18.2.5 胚胎干细胞研究存在的问题

（1）来源限制：由于需要胚胎作为胚胎干细胞研究与分离的材料，因此人类胚胎干细胞研究存在细胞来源限制问题。

（2）体外培养困难：胚胎干细胞在体外培养会自发分化，而机制还不是非常清楚，抑制胚胎干细胞分化的技术有待完善。

（3）安全性：胚胎干细胞自发分化方向是多向的，因此移植后成瘤性风险比较大。

（4）伦理道德问题：对于人类胚胎干细胞研究，胚胎来源、胚胎生命的界定等面临伦理问题。

18.3　成体干细胞

成体干细胞（adult stem cell，ASC）是成体组织内具有自我更新和分化潜能的细胞，属于多能干细胞或单能干细胞。

可塑性（plasticity）是指一种组织的成体干细胞生成另一种组织的特化细胞类型的能力，也称为干细胞的转分化或者横向分化。

迄今，越来越多的成体干细胞分化潜能被揭示。例如，骨髓成体干细胞在合适的体外环境中可分化为成骨细胞、软骨细胞、脂肪细胞、平滑肌细胞、成纤维细胞、骨髓基质细胞、血管内皮细胞、神经胶质细胞和心肌细胞；造血干细胞可分化形成肝细胞、内皮细胞和心肌细胞。

18.3.1　成体干细胞的分离培养

成体干细胞在体内非常少，因此成体干细胞的发现与分离是一个关键问题。目前，越来越多成体干细胞标记物的发现为成体干细胞的检测与高效分离提供了可能。可以根据成体干细胞表面标记物设计特异性结合物，荧光标记后利用流式细胞仪分离获得干细胞（图 18.2）。

18.3.1.1　神经干细胞

神经干细胞（neural stem cell，NSC）是指分布于神经系统的具有自我更新和分化潜能的细胞。神经上皮干细胞蛋白（nestin，也叫巢蛋白）的表达随着神经细胞分化完成而结束，因此可以作为神经干细胞特异性标记物。另外，一种 RNA 结合蛋白 musashi 也是神经干细胞的标记物。CD133 和 CD34 是人脑部分神经干细胞的特异性标记物。

18.3.1.2　骨髓造血干细胞

骨髓造血干细胞（marrow hematopoietic stem cell，MHSC）是指存在于骨髓

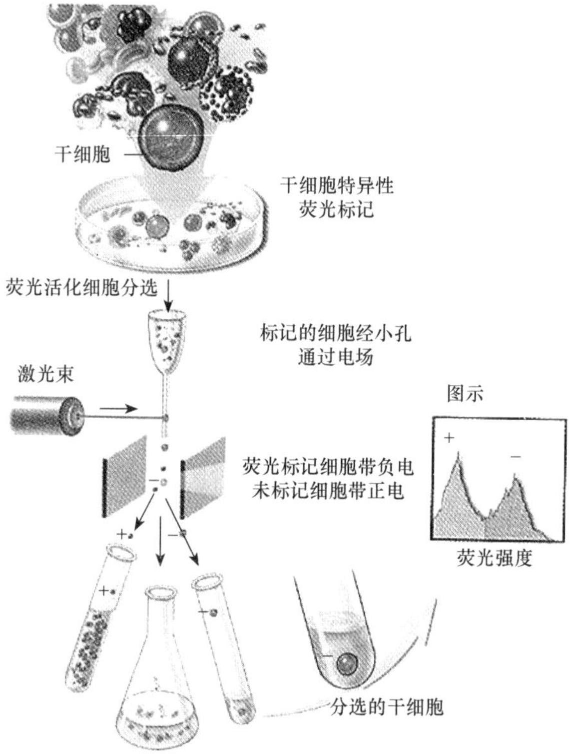

图 18.2 流式细胞仪分离干细胞的示意图（Kirschstein，2003）

中的具有自我更新能力和分化潜能的细胞。高度糖基化跨膜蛋白 CD34 是造血干细胞的一种重要标记物。随着造血干细胞的分化成熟，CD34 表达水平逐渐下降，成熟血细胞不表达 CD34。造血干细胞的培养常利用预先贴壁的基质细胞作为滋养层（如原代培养的骨髓成纤维细胞或转化的细胞系），这些基质细胞为骨髓造血干细胞提供生长刺激和抑制信号，调节细胞增殖与分化。

18.3.1.3 间充质干细胞

间充质干细胞（mesenchymal stem cell，MSC）是存在于结缔组织和器官间充质中具有自我更新和分化潜能的细胞。目前研究较多的是来源于骨髓、脐带血、外周血和脂肪组织的间充质干细胞。比较公认的间充质干细胞标记物是 CD71、CD90、CD44 等。

18.3.2 成体干细胞研究的优势与问题

与胚胎干细胞相比，成体干细胞研究具有来源方便、没有伦理学问题、可避免免疫排斥反应等优点，但是也存在以下几个问题。

（1）由于成体干细胞含量极少，一些又缺乏特异性标记物，因此很难从组织中发现或分离纯化出来。

（2）成体干细胞的“可塑性”机制还不太清楚。

（3）成体干细胞体外长期传代会发生表型的改变，且成体干细胞也参与肿瘤的形成。因此，有关成体干细胞的生物学安全性也越来越受到人们的关注。

18.4　诱导多能干细胞

诱导多能干细胞（induced pluripotent stem cell，iPS cell）是通过在体细胞中转入几个特定的转录因子，实现体细胞核的重编程而获得的可不断自我更新且具有多向分化潜能的类胚胎干细胞样细胞。

2006 年日本科学家山中伸弥从与干细胞多能性维持相关的 24 个候选因子中筛选出 4 个转录因子组合 Oct3/4、Sox2、c-Myc 和 K1F4，利用反转录病毒转染小鼠胚胎成纤维细胞和鼠尾成纤维细胞，成功诱导出小鼠 iPS 细胞，产生的 iPS 细胞在形态、基因和蛋白质表达、表观遗传修饰状态、细胞倍增能力、类胚体和畸形瘤生成能力、分化能力等方面都与胚胎干细胞相似。2012 年山中伸弥与约翰·戈登一起获得诺贝尔生理学或医学奖。

iPS 细胞与胚胎干细胞有相似的发育潜能，并且 iPS 细胞的获得不需要摧毁早期胚胎，可以避免胚胎干细胞的伦理道德争论，未来有可能替代胚胎干细胞用于临床研究。

复　习　题

1．简述胚胎干细胞体外培养的关键技术。
2．举例说明怎样分离鉴定成体干细胞。
3．查阅文献，分析干细胞是如何实现定向诱导分化的。

扩展学习资料

郝萧，杨秀霞，樊廷俊．2011．哺乳动物诱导多功能干细胞（iPSc）的技术研究进展．中外医疗，（26）：54-56

何泓志，麻丹丹．2020．影响牙髓干细胞分泌血管内皮生长因子的因素．中国组织工程研究，24（1）：141-147

黄成，刘元兵，戴永平，等．2020．过表达胶质细胞神经营养因子基因转染骨髓间充质干细胞移植治疗脊髓损伤．中国组织工程研究，24（7）：1037-1045
李庄，张本斯，王凡．2007．骨髓间充质干细胞分化为心肌细胞的研究．四川解剖学杂志，15（2）：8-10
刘建中．2007．胚胎干细胞体外诱导分化的研究进展．中国医药导报,4（6）：8-9
刘梦婷，饶巍，韩兵，等．2020．人脐带间充质干细胞的体外免疫调节特性．中国组织工程研究，24（7）：1063-1068
盛利琴，叶荣，陈学进，等．2007．饲养层体系的建立与胚胎干细胞的培养．解剖学杂志，30（3）：364-366
王海澜，高毅．2007．干细胞诱导分化为胰岛素分泌细胞的研究进展．中华肝胆外科杂志，13（6）：425-427
魏雁，陈刚．2009．神经干细胞工程化的研究进展．中国组织工程研究与临床康复，3（6）：1159-1162
De Los Angeles A, Ferrari F, Xi R, et al. 2015. Hallmarks of pluripotency. Nature, 525 (7570): 469-478
Morrison SJ, Spradling AC. 2008. Stem cells and niches: mechanisms that promote stem cell maintenance throughout life. Cell, 132: 598-611
Murry CE, Keller G. 2008. Differentiation of embryonic stem cells to clinically relevant populations: lessons from embryonic development. Cell, 132: 661-680
Orkin SH, Zon LI. 2008. Hematopoiesis: an evolving paradigm for stem cell biology. Cell, 132: 631-644
Polo JM, Anderssen E, Walsh RM, et al. 2012. A molecular roadmap of reprogramming somatic cells into iPS cells. Cell, 151: 1617-1632
Young RA. 2011. Control of the embryonic stem cell state. Cell, 144: 940-954

第19章 组 织 工 程

19.1 组织工程及其三要素

组织工程（tissue engineering）是利用生命科学、医学、工程学原理与技术，单独或组合地利用细胞、生物材料、细胞因子实现组织修复或器官再生的技术。

19.1.1 种子细胞

种子细胞（seed cell）是组织修复或器官再生的细胞材料，包括干细胞（胚胎干细胞、成体干细胞）、组织来源的体细胞。

原代细胞由于增殖能力有限不适宜作为种子细胞。适合大规模培养的转化细胞虽然具有较高的体外增殖能力，但是永生化的细胞往往丧失了分化能力。异种细胞会面临免疫排斥问题以及携带病原的潜在危险。使用同种异体细胞尽管有望解决种子来源限制问题，但是免疫相容性也是个问题。自体组织来源细胞经过传代培养，是目前较常采用的种子细胞。

干细胞有望成为组织工程理想的种子细胞来源。相对于胚胎干细胞，成体干细胞作为组织工程种子细胞更具有可行性。例如，骨髓间充质干细胞已经用于骨的修复与体外再造，表皮干细胞已用于皮肤组织修复与人造皮肤。

19.1.2 支架材料

组织工程支架材料是指替代细胞外基质的生物医学材料。按照不同的分类标准可以分为：有机材料和无机材料、天然材料和人工合成材料、单一材料和复合材料。

适合作为组织工程的支架材料应具有良好的生物相容性（biocompatibility）、易加工性、一定的机械强度，并适合构建三维立体结构等。除构建人工牙齿、人工关节、人工骨、人工肌腱等的无机材料外，支架材料一般需要良好的生物可降解性。

19.1.2.1 有机材料

有机材料根据来源可分为天然高分子材料和人工合成高分子材料，根据其稳定性又可分为可降解和不可降解两类。

组织工程常用的天然可降解生物材料有分离自生物的胶原、壳聚糖、透明质酸等。

（1）胶原（collagen）：胶原是不溶于水的蛋白质，约占高等动物蛋白质的1/3，是胞外基质重要的结构蛋白。其具有高度缠绕的螺旋结构的纤丝，由纤丝与其他基质分子相互作用获得组织需要的强度、弹性。胶原可由成纤维细胞、成骨细胞、软骨细胞、上皮细胞等合成分泌。

（2）壳聚糖（chitosan）：甲壳质是节肢动物角质内的主要结构多糖。壳聚糖是甲壳质的脱乙酰化产物，带有正电荷，可以吸引糖胺聚糖、蛋白聚糖等带负电荷的大分子，因此利于吸收培养液中的营养物与生长因子。

（3）透明质酸（hyaluronic acid，HA）：透明质酸是高度保守的不分支的阴离子天然黏多糖，在结缔组织中比较丰富。透明质酸可高度水化，对组织的水分平衡和关节的润滑有重要作用，已经在整形外科中被广泛采用。透明质酸的酯化衍生物保留了透明质酸的生物学特性，如细胞-受体识别能力、与其他胞外基质相互作用的能力，因此在组织工程中具有重要应用价值。

目前研究较多的人工合成可降解高分子材料主要有聚乳酸［poly（lactic acid），PLA］、聚羟基乙酸（polyglycolic acid，PGA）、聚羟基丁酸（polyhydroxybutyrate，PHB）、聚原酸酯、聚磷苯酯、聚酸酐等。这些材料具有生物相容性和可降解性，在体内可逐步分解为小分子，如乳酸、羟基乙酸等。

19.1.2.2 无机材料

无机材料包括生物惰性无机材料、生物活性无机材料。根据是否可以降解，分为不可降解无机材料、可降解无机材料。其中，生物惰性无机材料是指化学性能稳定、生物相容性好的无机材料，具有耐氧化、耐腐蚀、不降解、不变性等特点。较广泛应用的无机材料有氧化铝陶瓷、玻璃陶瓷、羟基磷灰石等。

（1）氧化铝陶瓷：氧化铝陶瓷是主晶相为刚玉（α-Al_2O_3）的陶瓷材料，具有机械强度高、耐高温、耐化学侵蚀、生物相容性好等特点，与人体蛋白质有良好的亲和性，广泛用于制作人工牙齿、人工关节和人工骨。

（2）玻璃陶瓷：玻璃陶瓷由 Na_2O-K_2O-MgO-CaO-SiO_2-P_2O_5 玻璃经热处理制备而成，在整形外科中用于骨移植、膝关节和脊柱修复等。

（3）羟基磷灰石［$Ca_{10}(PO_4)_6(OH)_2$，hydroxyapatite，HA］：羟基磷灰石具有良好的生物相容性，能与骨形成牢固的化学结合，适合作为人工骨材料。

19.1.2.3 复合材料

复合材料（composite material）是由两种或两种以上不同物理化学性质的材料复合而成的新材料，一般由基体材料和增强材料组成。复合材料一般具有组分材料各自的优点，并有可能产生新的特性。例如，可降解的高分子材料聚乳酸、聚羟基乙酸的降解产物会使局部 pH 降低，引发炎症，同时力学性质也较差。如果将羟基磷灰石与聚乳酸、胶原等混合制成复合材料，就可获得性能更好的组织工程支架材料。

19.1.3 影响因子

19.1.3.1 物理因子

几乎所有的细胞在体内都受到应力的作用。应力可以改变细胞的生物学行为，影响细胞的基因表达、代谢以及生长因子的分泌，是影响生物体生理变化的重要物理因子之一。

（1）流体切应力（flow shear stress）：血流对血管壁施加的力。体外培养可采用脉动循环装置调节切应力大小。

（2）张应力（tensile stress）：体内有心脏搏动、肌肉收缩等张应力。体外培养可采用弹性泡沫等材料模拟体内的张应力。

19.1.3.2 生长因子

生长因子（growth factor）是一类通过与特异的细胞膜受体结合，调节细胞生长或细胞功能的多肽类物质。

（1）转移生长因子-β（transforming growth factor-β，TGF-β）：可以调节细胞增殖、分化与细胞外基质分泌，参与组织修复。

（2）骨形态发生蛋白（bone morphogenetic protein，BMP）：1965 年发现于脱矿化骨的骨基质中，因其能诱导骨、软骨形成而得名。C 端含有 7 个半胱氨酸残基，属于转移生长因子-β 超家族（transforming growth factor-β superfamily，TGF-βs）成员。BMP 能刺激 DNA 合成和细胞复制，从而促进间充质细胞定向分化为成骨细胞。骨折后骨愈合过程中局部 BMP 的表达水平明显增高。BMP 已经成功应用于治疗骨折、骨缺损等。

（3）成纤维细胞生长因子（fibroblast growth factor，FGF）：分子质量为 16kDa 不含糖的单链多肽，因能促进成纤维细胞生长而得名。由于其对血管生成也有较强的促进作用，又称为血管生长因子。FGF 可以诱导血管化、骨形成，促进神经再生。

（4）表皮生长因子（epidermal growth factor，EGF）：由 53 个氨基酸残基组成的单链多肽，是表皮细胞和间充质细胞的促分裂剂。EGF 在体外可以刺激角化细胞分裂，在体内能促进上皮的再生，促进伤口愈合。

（5）神经生长因子（nerve growth factor，NGF）：神经细胞特异性分泌的营养蛋白，具有营养、保护神经元及促进突起生长等功能。NGF 对神经中枢及周围神经元的分化、生长、修复、再生起调控作用。

（6）肝细胞生长因子（hepatocyte growth factor，HGF）：由 728 个氨基酸残基组成的多肽单链，能刺激肝细胞增殖，后来发现其还能作用于上皮细胞、造血细胞、血管内皮细胞等多种细胞，是一种可调节多种细胞生长、运动和形态发生的多功能因子。

19.2 组织器官再造策略

组织工程器官体外再造可通过以下三种策略，最终达到原位修复或者替换受损组织或器官的目的。

（1）将体外培养的细胞接种到受损部位生长，进行原位修复。

（2）将支架材料与细胞混合，移植到受损部位，随着细胞生长、支架材料的降解而取代或填补受损部位。

（3）使用可降解三维多孔支架材料，接种培养细胞，体外再生组织或器官，移植替换。

对于第三条途径，一般由以下几个步骤组成：种子细胞分离与体外增殖培养、支架材料选择与加工修饰、细胞与支架材料联合培养、组织器官再造、体内植入与临床监护。

19.3 组织工程生物反应器

19.3.1 微重力生物反应器

常规的细胞培养都是在常重力下进行的。由于重力的作用，细胞在培养液中自然沉降，只能呈二维贴壁生长，很难形成三维立体结构。

20 世纪 80 年代末，美国国家航空航天局（NASA）在开展空间生物学试验时，设计出一种转壁式生物反应器（rotating wall vessel bioreactor，RWVB）。转壁式生物反应器一般由水平放置的两个内外同心圆柱组成（图 19.1）。静态的内柱由半透膜构成，使得气体可以通过该膜进行交换。旋转的外柱由非通透性材料制成。在内外柱之间充以培养介质，细胞接种于其中培养。通过调节外柱的转速，使得旋转产生的离心力与重力平衡，以此为细胞生长提供一个微重力环境，细胞得以三维增殖与细胞分化。采用该生物反应器已在软骨细胞、心肌细胞、肝细胞等培养以及胸腺培养等方面取得了进展。

图 19.1 转壁式生物反应器

19.3.2 流体应力生物反应器

流体应力生物反应器是模拟人体血管应力环境设计的，用于体外构建组织工程化血管等产品的装置，主要由可以通过循环液体的硅胶管、压力传感器、蠕动泵、储液罐、电磁阀等组成。流体应力生物反应器通过形成有波动的液流并能控制流量来模拟体内血管的应力环境。研究表明，该生物反应器产生的应力对血管平滑肌的生长有一定的促进作用，可促进细胞定向排列。

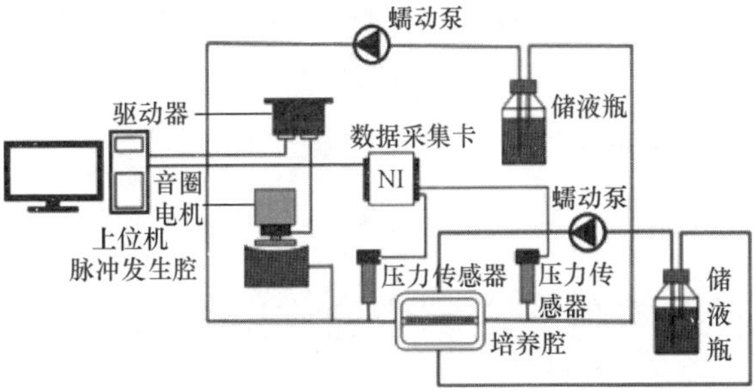

图 19.2 组织工程血管脉动生物反应器示意图

以组织工程血管脉动生物反应器为例，结构示意图如图 19.2。该反应器采用了音圈电机作为脉动发生装置，模拟人的心室功能，产生与人体自然压差相近的脉动液流，较好地模拟了体内真实的血液流动环境。

19.4 组织工程产品

19.4.1 组织工程皮肤

组织工程皮肤有两代产品。第一代产品为组织工程表皮，移植后愈合快，但是容易出现瘢痕挛缩。第二代是表皮-真皮复合产品。一般以胶原凝胶为支架材料，先接种新生婴儿的包皮成纤维细胞，长满细胞之后，再在上面接种新生儿包皮的表皮细胞，这样就形成了具有真皮层和表皮层的人造皮肤。除了以胶原凝胶为支架材料外，还可用胶原和硫酸软骨素复合材料、PLA、PGA 等高分子材料作为人造皮肤的支架材料。组织工程皮肤移植后是否能够血管化，毛囊、汗腺等是否再生是成功的关键。

19.4.2 组织工程骨

组织工程骨的构建可以分为体内构建和体外构建两种形式。体内构建是将成骨细胞-支架复合物直接植入体内，修复骨缺损。体外构建是通过体外组织培养得到用于移植的人造骨，然后进行移植。

组织工程骨的种子细胞主要是骨膜或骨髓来源的成骨细胞。组织工程骨的支架材料包括：羟基磷灰石及其与磷酸三（β-氯丙基）酯（β-TCPP）、PLA、PGA 等的复合材料；也可将人或者动物的骨骼去脂，脱细胞，去抗原，经冷冻干燥制备成生物衍生骨，与成骨细胞复合后移植。修复或再造过程中经常采用骨形态发生蛋白（BMP）等生长因子提高成功率。

19.4.3 组织工程血管

组织工程血管的种子细胞可以采用血管内皮细胞或平滑肌细胞、间充质干细胞、胚胎干细胞。组织工程血管支架材料包括天然生物材料、人工合成高分子材料两大类。天然生物材料有甲壳素、胶原蛋白、葡聚糖明胶、多聚氨基酸、透明质酸等。常用的人工合成的可降解高分子材料有聚羟基乙酸、聚乳酸、聚乙醇酸等。

19.5 3D 打印技术在组织工程中的应用

3D 打印技术诞生于 20 世纪 90 年代，最初应用于制造、航天模型设计等领域，目前已广泛应用于医学领域。其优点是：打印精度高；细胞及其支撑材料可同时打印；打印速度快，生产周期短；可根据个体定制，实现精准医疗等。

2011 年美国科学家利用 3D 打印技术制造出工程肾模型。2017 年瑞士科学家打印出软体的人工心脏。2019 年 5 月 4 日，《科学》报道，美国莱斯大学与华盛顿大学的研究团队由水凝胶 3D 打印而成的肺模型，具有与人体血管、气管结构相同的网络结构，能够像肺一样向周围的血管输送氧气，完成“呼吸”过程。

以组织工程耳朵的三维支架搭建为例：先以 3D 摄影机围绕患者头部拍摄耳朵照片，然后把几何构造图输入电脑，用 3D 打印机输出，制成耳朵软模型；接着再把充满牛耳软骨细胞的特殊胶原蛋白胶注入软骨，形成软骨骨架；几周内软骨就会逐渐成长，取代覆盖其外的胶原蛋白；3 个月后，柔软且具有功能的外耳长成。

复 习 题

1．为什么说细胞因子是体外组织工程产品再造的重要影响因素？

2．举一例说明组织工程产品的技术路线。

扩展学习资料

李冰一，蔺嫦燕，曹谊林．2007．组织工程支架材料的研究进展．生物医学工程与临床，11（3）：241-246

李榕，陈科龙，王勇，等．2019．骨组织工程支架3D打印系统的建立与支架宏微结构精度的可控性评价．北京大学学报：医学版，51（1）：15-119

李祯，张磊，孙伟.2019．组织工程血管脉动生物反应器的研制．新技术新工艺，（7）：47-50

刘璐，黄天意，史金先，等．2019．聚乳酸-羟基乙酸在骨组织工程支架材料中的应用．口腔医学，39（2）：167-170

皮庆猛，张文杰．2007．组织工程化血管构建中胚胎干细胞诱导分化为血管内皮细胞的研究进展．组织工程与重建外科，3（2）：112-114

徐泽勤，谷涌泉，冯增国，等．2019．聚ε-已内酯组织工程血管研究进展．北京生物医学工程，38（5）：544-548

张君毅，王春梅．2007．组织工程皮肤的研究与进展．中国组织工程研究与临床康复，11（10）：1988-1991

赵富强，陈俊英，夏传俊，等．2019．杂化小直径血管组织工程支架基材的共混改性与相容性分析．化工新型材料，47（5）：77-80，84

Khademhosseini A, Langer R. 2016. A decade of progress in tissue engineering. Nat Protoc, 11: 1775-1781

Langer R, Vacanti JP. 1993. Tissue Engineering. Science, 260: 920-926

Lu Y, Aimetti AA, Langer R, et al. 2016. Bioresponsive materials. Nat Rev Mater, 2: 16075

重要概念索引

B

半连续培养（semi-continuous culture） 028
胞质体（cytoplast） 023
胞质杂种（cybrid） 025
玻璃化（vitrification） 042
不对称分裂（asymmetric division） 182
不对称融合（asymmetric fusion） 057

C

差异表达（differential expression） 017
成熟胚培养（mature embryo culture） 044
成体干细胞（adult stem cell，ASC） 187
程序性细胞死亡（programmed cell death，PCD） 015
持家基因（house-keeping gene） 016
赤霉素（gibberellin，GA） 041
初级代谢产物（primary metabolite） 092
传代培养（passage culture/subculturing） 135
次级代谢产物（secondary metabolite） 092

D

单倍体（haploid） 071
单克隆抗体（monoclonal antibody，McAb） 165
单能干细胞（monopotent stem cell） 182
蛋白质工程（protein engineering） 004
电融合法（electrofusion） 060
顶体蛋白（acrosin） 020
顶体反应（acrosome reaction） 020
动物细胞培养（animal cell culture） 135
对称分裂（symmetric division） 182
对称融合（symmetric fusion） 057
多倍体（polyploid） 068
多倍体动物（polyploid animal） 129
多克隆抗体（polyclonal antibody，PcAb） 165
多能干细胞（multipotent stem cell） 182

F

发育阻滞（developmental block） 118
分裂球（blastomere） 021
分批培养（batch culture） 027
分生组织（meristem tissue） 017，082
复合材料（composite material） 193

G

干扰素（interferon，IFN） 163
干细胞（stem cell，SC） 182
睾丸决定因子（testis determination factor，TDF） 123
孤雌生殖（parthenogenesis） 022
灌注培养（perfusion culture） 029，155

H

核糖体（ribosome） 012
核体（karyoplast） 023
核型（karyotype） 011
褐变（browning） 043
花粉培养（pollen culture） 072
花药培养（anther culture） 071

J

基因工程（genetic engineering） 004
基因工程抗体（gene engineering antibody，GEAb） 170

家蚕丝腺生物反应器（bombyx silk gland bioreactor） 180
减数分裂（meiosis） 014
精子获能（sperm capacitation） 020，115
聚合法（aggregation） 109
聚酮途径（polyketide pathway） 094
决定（determination） 016

K

看护培养（nursing culture） 086
抗体（antibody） 164
抗原（antigen） 164
可塑性（plasticity） 187

L

连续培养（continuous culture） 029
两步法培养（two steps culture） 099
两相培养（two-phase culture） 090
流加培养（fed batch culture） 028
卵裂（cleavage） 021

M

莽草酸途径（shikimic acid pathway） 094
毛状根（hairy root） 099
酶工程（enzyme engineering） 004

N

囊胚注射法（blastocyst injection） 109
内细胞团（inner cell mass，ICM） 183

P

胚乳培养（endosperm culture） 045
胚胎发生（embryogenesis） 018
胚胎分割（embryo bisection） 108
胚胎干细胞（embryonic stem cell，ESC） 183
胚胎工程（embryo engineering） 108
胚胎移植（embryo transfer，ET） 118
胚珠培养（ovule culture） 045

Q

器官（organ） 017
器官发生（organogenesis） 037
嵌合体（chimera） 109
秋水仙素（colchicine） 069
全能干细胞（almighty stem cell） 182

R

染色体（chromosome） 011
染色体工程（chromosome engineering） 068
染色体组（chromosome set/genome） 068
染色质（chromatin） 011
人工合子（artifical zygote） 067
人工种子（artificial seed） 048
人造细胞（artifical cell） 025
乳腺生物反应器（mammary gland bioreactor） 178

S

生物反应器（bioreactor） 033
生物工程（bioengineering） 002
生物化学工程（biochemical engineering） 004
生物膜（biomembrane） 010
生长素（auxin） 041
生长因子（growth factor） 193
试管婴儿（test tube baby） 119
试管植物（vitro plant） 036
受精（fertilization） 018
饲养层培养（feed layer culture） 086

T

体外受精（*in vitro* fertilization，IVF） 115
体外受精动物（*in vitro* fertilized animal） 115
体细胞克隆（somatic cell cloning） 126
体细胞胚（somatic embryo） 038
体细胞杂交（somatic hybridization） 061

同核体（homokaryon） 057
同源多倍体（autopolyploid） 068
脱分化（dedifferentiation） 017

W

外植体（explant） 038
微核（micronucleus） 023
微生物工程（microbial engineering） 003
无丝分裂（amitosis） 013
无性生殖（asexual reproduction） 018

X

细胞（cell） 009
细胞凋亡（apoptosis） 015
细胞分化（differentiation） 016
细胞分裂素（cytokinin） 041
细胞工程（cell engineering） 004
细胞固定化（cell immobilization） 088
细胞核移植（cell nuclear transfer） 123
细胞坏死（necrosis） 016
细胞培养（cell culture） 026
细胞培养动力学（dynamics of cell cultivation） 029
细胞器转移（organelle transfer） 025
细胞全能性（totipotency） 016
细胞融合（cell fusion） 057
细胞系（cell line） 084
细胞重组（cell recombination） 023
细胞周期（cell cycle） 012
细胞株（cell strain） 084
细胞转化（cell transformation） 146
线粒体（mitochondrion） 011
镶嵌体（mosaic） 109
形成层（cambium） 082
形态发生（morphogenesis） 016
雄核发育（androgenesis） 023
悬浮培养（suspension culture） 087

Y

叶绿体（chloroplast） 012
异核体（heterokaryon） 057
异源多倍体（allopolyploid） 068
疫苗（vaccine） 162
永久组织（permanent tissue） 017
有丝分裂（mitosis） 013
有性生殖（sexual reproduction） 018
幼胚培养（immature embryo culture） 044
诱导多能干细胞（induced pluripotent stem cell，iPS cell） 189
诱导子（elicitor） 103
愈伤组织（callus） 038
原代培养（primary culture） 135
原核细胞（prokaryotic cell） 010
原生质体（protoplast） 040，053
原始生殖细胞（primordial germ cell，PGC） 019，183

Z

杂交瘤技术（hydridoma technique） 164
再分化（redifferentiation） 017
真核细胞（eucaryotic cell） 010
植物干细胞（plant stem cell） 083
植物激素（phytohormone） 041
植物离体受精（plant *in vitro* fertilization） 065
植物胚胎培养（plant embryo culture） 044
植物脱毒（virus elimination） 049
植物细胞培养（plant cell culture） 083
植物组织培养（plant tissue culture） 036
种子细胞（seed cell） 191
转鼓式生物反应器（rotating drum bioreactor） 087
转基因动物（transgenic animal） 131
转基因植物（transgenic plant） 076
子房培养（ovary culture） 045
组织（tissue） 017
组织工程（tissue engineering） 191
组织特异性基因（tissue-specific gene） 016

参 考 文 献

岑沛霖，关怡新，林建平．2005．生物反应工程．北京：高等教育出版社
崔凯荣，戴若兰．2000．植物体细胞胚发生的分子生物学．北京：科学出版社
鄂征．1995．组织培养和分子细胞学技术．北京：北京出版社
冯伯森，王秋雨，胡玉兴．2000．动物细胞工程原理与实践．北京：科学出版社
韩贻仁．2001．分子细胞生物学．北京：科学出版社
李青旺．2005．动物细胞工程与实践．北京：化学工业出版社
李志勇．2010．细胞工程．2 版．北京：科学出版社
李志勇．2019．细胞工程学．2 版．北京：高等教育出版社
马建刚．2001．基因工程学原理．西安：西安交通大学出版社
王蒂．2003．细胞工程学．北京：中国农业出版社
王金发．2003．细胞生物学．北京：科学出版社
吴乃虎．2001．基因工程原理．2 版（上册、下册）．北京：科学出版社
谢从华，柳俊．2004．植物细胞工程．北京：高等教育出版社
辛华．2001．细胞生物学实验．北京：科学出版社
薛庆善．2001．体外培养的原理与技术．北京：科学出版社
杨吉成．2001．医用细胞工程．上海：上海交通大学出版社
俞俊棠，唐孝宣．1991．生物工艺学（上册）．上海：华东理工大学出版社
元英进．2004．植物细胞培养工程．北京：化学工业出版社
张惠展．1999．基因工程概论．上海：华东理工大学出版社
Kirschstein R，Skirboll LR．2003．干细胞研究进展与未来．北京：人民卫生出版社